신종태 교수의 테마기행

세계의 전쟁 유적지를 찾아서 ③

중동 · 태평양 · 대양주 · 아시아

신종태 교수의 테마기행

세계의 전쟁 유적지를 찾아서 ③

중동 · 태평양 · 대양주 · 아시아

신 종 태 저

이 책을 펴내면서

어린 시절 필자는 6 · 25전쟁의 격전지였던 낙동강 근처 시골에서 성장했다. 당시 전쟁이 끝난지 10여년이 지났지만 고향 산야에는 전쟁 상흔이 곳곳에 남아 있었다. 미군 철모, 포탄 탄피, 경비행기 바퀴 등은 유용한 생활 도구로 사용되었다. 수업 시작과 끝을 알리는 초등학교의 종도 길쭉한 포탄껍데기였다. 마을 주변 야산 교통호 흔적은 동네 아이들의 좋은 놀이터가 되었고, 한여름 밤 정자에 모인 어른들은 수시로 전쟁참상과 피난길 고생담을 이야기 하곤 하였다. 집안 어른들의 대부분이 참전 경험을 가지고 있었다. 아버지, 삼촌, 외삼촌 그리고 백마고지 전투에서 전상을 입은 고모부 등으로 인해 필자는 어린 시절부터 전쟁에 대한 호기심을 가질 수밖에 없었다. 결국 전쟁에 대한 관심과 위국헌신(爲國獻身)이라는 순수한 가치에 매료되어 필자는 군인의 길을 걷게 되었다.

인간은 왜 전쟁을 하는 것인가? 인류기록 역사 3400여 년 중 전쟁이 없었던 해는 불과 270여 년, 총성이 단 한 번도 울리지 않았던 날은 3주에 불과하다. 지금도 중동, 아프리카, 아시아지역 일부에서 끝없는 전쟁의 소용돌이 속에서 많은 사람들이 죽어가고 있다. 군생활 동안 더더욱 전쟁사에 관심이 많아졌고 해외유학, 휴가기간 중에는 틈틈이 외국의 전사적지를 답사하였다. 전역 후 다소 시간적 여유를 가진 시기부터는 본격적으로 유럽, 중동, 아시아, 태평양 지역의 전적지를 다시 돌아보았다. 해외 단체여행 중에는 가끔 필사적으로 탈출(?)하여 그 나라의 군사박물관을 혼자 관람하느라 안내자의 눈총을 받기도 하였다. 아울러 평소 주말에는 낙동강, 금강, 섬진강 주변 전사적지와 백령도 등 현지를 방문하여 많은 사람들의 전쟁체험기를 듣기도 하였다.

이런 답사를 통해 항상 느껴왔던 것은 전쟁으로 인해 우리 민족은 수많은 수난을 당했음에도 불구하고 이상하리만큼 전쟁에 대해 거의 관심을 가지 않는다는 것이었다. 필자는 세계 약 70여 개 국가의 전쟁유적지를 방문하면서 단 한 번도 현장에서 한국인을 만나보지 못했다. 외국 전쟁기념관이나 전사적지 현장에서 일본인, 중국인들은 수시로 만날 수 있었다. 자연스럽게 대화를 나누다 보면 그들의 해박한 전쟁사 지식에 깜짝 놀란 경우가 한 두 번이 아니었다. 특히 한국전쟁에 대해 우리들보다 훨씬 깊은 지식을 가지고 있는 경우도 많았다.

한국 초 · 중학생 약 절반이 70여 년 전의 6 · 25전쟁을 조선시대에 일어났던 사건으로 안다는 어느 일간지의 보도를 본 적이 있다. 그러나 영국의 경우 청소년들에게 제1 · 2차 세계대전에 관해 물어보면 대부분 정확한 역사지식을 이야기하곤 한다. 어떤 학생들은 자신의 할아버지, 삼촌의 참전경험과 심지어 할머니의 전시 생활상에 대한 상세한 이야기를 쏟아 내기도 하였다. 영국은 자기 조상들이 당당하게 침공군에 맞서 일치단결하여 전쟁에 임한 자랑스러운 승전의 역사를 끊임없이 가정, 학교, 사회에서 가르쳐 왔던 것이다.

그러나 아쉽게도 우리나라는 뿌리깊은 문존무비(文尊武卑)사상이 현재까지 수 백년 동안 계속되고 있다. 특히 전쟁을 대비하고 국가보위를 위해 헌신하는 무인을 존중하고 제대로 대우해 준 경우가 고려시대 이후에는 거의 없었다. 또한 '전쟁과 상무정신'을 논하는 것은 오히려 평화를 깨뜨리고 국민들에게 고통을 안겨주는 주장으로 매도하여 경계의 대상으로 삼는 분위기가 아직도 있다. 결국 이런 전쟁에 대한 잘못된 인식으로 인하여 17세기 조선은 임진왜란과 병자호란으로 백성들은 말할 수 없는 참혹한 전란의 고통을 당해야만 했다.

근 · 현대사에서도 우리 한민족은 다시 한 번 가시밭길을 걸었다. 일제 식민지 36년, 중일전쟁, 태평양전쟁 등 문약에만 흘렀던 우리 국민들은 그저 남의 전쟁에 위안부 · 징용노무자 · 강제지원병 형태로 성노예나 총알받이로 끌려 나가야만 했다. 이와 같은 형극의 역사를 경험했음에도 불구하고 오늘날의 우리 사회는 안타깝게도 점점 더 전쟁에 대해 무관심한 분위기에 젖어들고 있다. 남태평양의 괌 · 사이판 · 티니언 일대를 답사하면서 조선인관련 전쟁유적에 대한 현지인들의 이야기를 많이 들을 수 있었다. 특히 사이판 자살바위 근처에 외롭게 서 있는 망향의 탑(강제징용자 추모비)에는 태평양전쟁 시 일본군에게 강제로 끌려 온 선조들이 200여만 명에 달한다고 기록되어 있었다.

또한 70년 전 이 땅을 잿더미로 만들었던 6 · 25전쟁유적지도 전국에 곳곳에 산재해 있다. 그러나 아쉽게도 점점 더 이런 전사적지에 깊은 관심을 가지고 찾는 발길은 줄어가고 있다. 특히 최근 역사교과서 파동이나 이념논쟁에서 볼 수 있듯이 6 · 25전쟁을 통일전쟁 혹은 내전으로 규명하여 자유수호를 위해 목숨 바친 선열들의 희생을 애써 깎아 내리려는 듯한 분위기까지 있다. 결국 이런 왜곡된 역사인식의 확산은 급기야 신세대들에게 전쟁에 대한 부정적 생각을 갖게 만드는 계기가 되었다. 상대적으로 평화만을 부르짖는 자만이 이 시대의 선구자인양 인정받아 우리의 생존문제는 저만큼 뒤로 물러나고 오로지 '무상복지'가 전 국민의 관심사가 되고 말았다. '천하수안 망전필위(天下雖安 忘戰必危)'라는 격언이 말해주듯 전쟁을 잊은 국민은 언젠가는 반드시 수난을 당해 왔던 것은 역사의 진리였다.

빠듯한 일정으로 많은 국내 · 외 전사적지를 답사하면서 나름대로 정리한 글이라 다소의 오류가 있을 수 있음을 독자들에게 미리 양해를 구한다. 아무쪼록 본 책자가 가벼운 마음으로 읽으면서도, 한반도의 안보현실과 전쟁역사에 대해 많은 사람들이 관심을 갖는 계기가 되기를 바라는 마음이다.

한반도에서 전쟁의 영원한 추방을 염원하면서

저자 신 종 태

중동 Middle East Area

이스라엘

팔레스타인

요르단

터키

레바논

태평양 Pacific Ocean

마리아나 제도

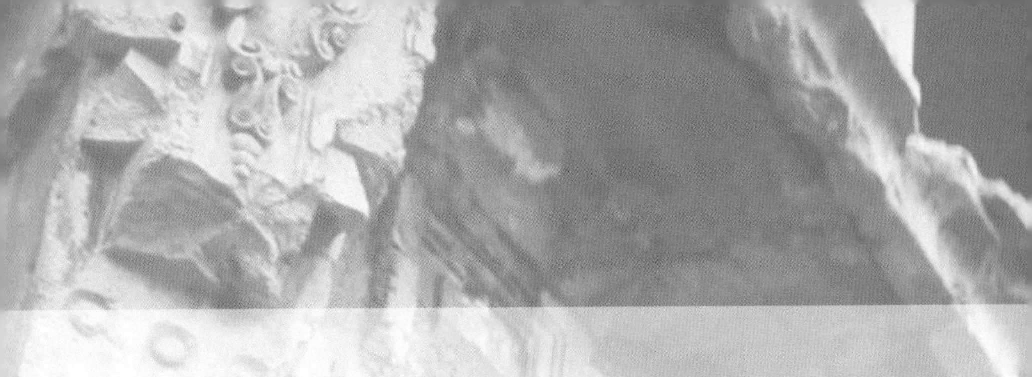

방글라데시

한국

중동

Middle East Area

이스라엘

Israel

이스라엘 골란고원에서 만난 여군 분대장

이스라엘 · 시리아 혈투장 '골란고원(Golan Heights)'

평균 해발고도 1000m. 골란고원은 시리아 수도 다마스쿠스에서 남쪽으로 60Km밖에 안되는 거리에 있다. 서쪽은 요르단강, 남쪽은 야르무크강을 끼고 있다. 기후는 건조하지만 땅은 찰지다. 안티레바논 산맥의 헤르몬산(2814m)에서 눈 녹은 물이 내려와 채소 · 과일 · 밀 재배가 잘된다. 축복받은 땅이다. 1967년 6월, 제3차 중동전쟁에서 승리한 이스라엘이 시리아에게 빼앗아 1981년 자국 영토로 병합한 1200Km^2 규모의 광대한 고원이다. 또한 이스라엘의 식수원인 갈릴리 호수의 풍부한 수자원도 빼놓을 수 없는 이스라엘 자산이다.

골란고원에 도착하기 전 나는 머릿속에 그림을 그렸다. 그 무시무시한 전쟁을 치른 긴장의 땅 골란고원은 철조망,

골란고원에서 본 갈리리 호수 전경

지뢰, 전차, 장갑차가 쉽게 눈에 띄는 삭막한 전경일 것이라고 상상했다. 웬걸! 골란고원에서 내려다보는 멋들어진 갈릴리 호수에 논이며, 밭이며 탄성이 절로 나왔다. 강원도 소양호와 대관령을 합쳐 놓은 듯한 시원한 풍경만 눈앞에 펼쳐졌다.

전원 전사하면서도 끝까지 진지를 고수하다

골란고원을 다니다 보면 한국 최전방지역처럼 살벌한 느낌은 들지 않는다. 병력기동이나 장비이동도 거의 눈에 띄지 않는다. 단지 시리아군 전차공격을 저지하기 위한 대전차 방벽이나 도로 장애물 정도가 가끔씩 보였다. 순찰도로 옆에서 멀지 않은 야트막한 언덕에 폐기된 전차 · 장갑차 잔해와 고지 정상에 커다란 현수막이 눈에 보였다. 안내자 나아만(Narman, 女. 55세)의 설명에 의하면 1973년 10월 전쟁 시의 이스라엘군 GP였다고 한다.

작은 고지군은 콘크리트로 교통호와 엄체호가 길다랗게 연결되어 있다. 이곳은 지난 10월전쟁 시 시리아군 공격을 28명의 이스라엘 장병이 3일 동안이나 저지한 격전지였다. 결국 대부분의 장병들은 전사

전원 전사한 GP장병 추모비

했고, 단 1명 만이 시리아군의 포로가 되었다. GP 정상에서 보니 주변 4-5Km 내외는 평탄한 구릉지대로 시리아군 역시 이곳을 점령하지 않고서는 갈릴리 호수를 향한 진격은 불가능했을 것 같다.

밝은 웃음을 잃지 않은 당찬 여군 분대장

GP답사를 마치고 주차장으로 내려오는데 갑자기 험비 짚차가 올라왔다. 시리아 접경지역을 순찰 중인 이스라엘 군인들이다. 간단한 전투군장 차림에 기관단총을 멘 여군 1명과 남군 2명이다. 전적지 답사 중인 여행객이라고 하니 선임자가 반갑게 손을 건넨다. 체구가 자그마한 예쁜 여군 분대장 나마(Nama) 하사다. 30발용 탄창 2개를 묶어 실탄을 장전한 묵직한 기관단총과 개인 전투군장으로 어깨가 아파보일 정도다. 짚차 안에서는 또 다른 병사가 쉴새없이 무전교신 중이다. 나아만을 통해 이스라엘군 병영생활에 대해 몇 가지 질문을 하였다. 여군 전투분대장으로 남군들을 지휘하는데 어려움은 없는지? 병영내의 구타 · 가혹행위는? "많은 여군들이 분대장으로 근무하고 있고, 병사지휘 간 어려움은 없다. 병영 내 불법행위는 엄격한 군법으로 거의

골란고원 국경지역 순찰 중인 여군분대장(우측)

일어나지 않는다. 이스라엘 여자로서 병역의무는 당연하다고 생각한다. 특히 위험성은 있지만 직접 무장을 한 전투부대나 전투경찰(주로 시내에서 활동)에 근무하는 것을 많은 이스라엘 처녀들은 자랑스럽게 생각하고 있다." 자신있게 말하는 여군 분대장의 태도에는 전혀 가식이 없다.

다양한 사회적 배려로 군의 사기를 높힌다

사진촬영을 하자고 하니 그 여군은 환한 웃음을 지어며 흔쾌히 포즈를 취해 준다. 이스라엘은 남자는 3년, 미혼 여성은 2년간의 병역의무가 있다. 또한 이 나라는 국가의 부름에 기꺼이 젊음을 바치는 병사들을 위해 다양한 배려를 한다. 예들 들면 이스라엘 군인들은 모든 대중교통 탑승 시 무조건 무료이다. 휴가 · 외출 · 외박을 나갈 때 전투부대 근무자들은 전원 개인화기와 실탄을 소지한다. 출타 중 테러행위를 목격하거나 자신이 위해를 받을 경우 즉각적인 총기사용이 가능하다. 사실 이스라엘 버스 · 기차 이용 시 승객 절반이 무장을 하고 있다 해도 과언이 아니다.

물론 필자는 이스라엘인들의 광적인 애국심에 전적으로 동의하지는 않는다. 그러나 80여 년 전, 600만 명의 유대인들이 무참하게 학살당할 때 세계 어느 국가도 그들에게 도움의 손길을 내밀지 않았다. 누가 선이냐, 악이냐를 떠나 자신들이 가진 모든 것을 우선적으로 조국을 위해 바치려는 이스라엘인들의 정신을 우리 국민들은 한번 쯤 눈여겨 볼 필요가 있을 것이다.

애국심의 상징 스파이 엘리 코헨

이스라엘 스파이 시리아군을 불길 속으로 끌어들이다

골란고원 격전지 눈물의 계곡(Valley of tears)으로 안내자 나아만(Narman)은 자동차를 몰았다. 차창 밖의 황량한 고원에는 가끔씩 높은 키의 울창한 수목들이 보인다. 자세히 보니 그 안에는 과거 군부대 시설들이 있었던 흔적들이 있었다. 그 나무들은 '유칼립투스'라는 속성수로 척박한 토양에도 잘 자라는 수종이란다. 1950년대 말부터 시리아는 이스라엘과의 전쟁을 계획하면서 골란고원에 많은 병력배치와 군사기지를 건설했다. 그러나 휑하게 노출된 평원지대에서 병력·장비의 위장이 특히 곤란했다. 더구나 이스라엘 정찰기가 수시로 국경근처까지 와서 골란고원을 촬영하곤 하였다. 1967년 6일 전쟁 전, 시리아군은 이 지역에 유칼립투스를 대대적으로 식재하였다. 그런데 이 나무를 위장식수로 심도록 조언한 사람은 아이러니하게도 바로 이스라엘 스파이 엘리 코헨(Elie Cohen)이었다.

시리아군 병영(사진속의 흰 건물) 부근의 유칼립투스 나무

스파이 한 사람이 전세를 바꾸다

코헨의 권유에 따라 시리아군은 골란고원 군사기지에 대규모의 조림작업을 하였다. 따라서 유칼립투스 숲 아래에는 어김없이 시리아군 병영이나 장비들이 집결되었다. 전쟁이 시작되자마자 이스라엘 공군기들은 골란고원에서 이런 수종의 군락지만 골라 집중 폭격을 했다. 은닉된 군사시설물은 철저하게 파괴되었다. 오늘날 골란고원의 유칼립투스 조림지에 가면 전쟁 당시 파괴된 시리아군 전쟁 잔해를 쉽게 찾아볼 수 있다.

이스라엘의 전설적인 스파이 엘리 코헨(Elie Cohen) 그는 이집트 출생 유대인이다. 그 후 이스라엘 모사드의 첩보원으로 변신한다. 코헨은 시리아계 아르헨티나 실업가로 위장하여 적국의 권력층 깊숙이 침투하였다. 특히 이스라엘과 시리아간 혈전을 치루었던 6일 전쟁 전,

이스라엘군 폭격으로 파괴된 시리아군 트럭잔해

시리아군 고급 정보를 모사드로 수시로 타전하였다. 그러나 그는 전쟁 전인 1965년에 신분이 탄로나 다마스커스에서 공개 처형을 당했다. 그의 유언은 자신이 죽은 후 이스라엘에 꼭 묻히게 해달라는 것뿐 이었다. 코헨은 사형 직전에 자신의 조국을 향해 눈을 뜬 채 죽겠다고 하였다. 따라서 두건을 쓰지 않고 교수형에 처해졌다.

부패한 시리아 지도층 뇌물로 매수하다

스파이 코헨은 가구 무역회사 사장으로 위장하여 엄청나게 돈을 많이 번 사업가로 시리아 상류층에 알려져 있었다. 그의 주변에는 고급장교, 정치가, 기업가 등 소위 시리아에서 힘깨나 쓴다는 사람들이 항시 몰려들었다. 그는 수시로 시리아 국방부와 주요 군사시설에 고급장교들과 들락거렸다. 또한 군사문제에 대해서는 전혀 관심이 없는 듯이 행동하는 코헨에 대해서는 아무도 의심하지 않았다. 아울러 돈 많은 실업가 코헨은 정치인 · 군 수뇌부 인사들의 부인에게 진주목걸이, 팔찌, 모피코트 등 온갖 사치품을 수시로 선물했다. 드디어 코헨은 이미 시리아 정권에서 빛나는 실력자의 한 사람이 되었다. 그는 정계와 군부 유력자들 사이에 신용과 인기를 얻어 정부요직을 맡을 후보로 거론되기 시작했다. 당시 시리아 알하페즈 대통령은 그를 향후 국방상으로 임명하는 것이 어떨까? 라고 생각하기도 하였다.

순간의 방심으로 스파이 정체가 탄로나다

꼬리가 길면 밟힌다!는 속담처럼 전혀 예기치 않은 계기로 코헨의 정체가 들어났다. 1965년 1월 24일 새벽! 다마스커스 시내 호텔에서 깊게 잠들어 있던 그는 시리아 방첩부대에 어이없이 체포되었다. 어떻게 그들이 코헨의 숙소에 기습적으로 들이 닥치게 되었을까? 실로 사소한 방심이 코헨의 운명을 바꾸었다. 바로 그 근처의 인도대사관 전신계가 수개월 전부터 뉴델리로 보내는 무전 연락에 전파방해를 받고 있다고 신고했다. 시리아 당국은 소련 군사고문단에 그 수수께기를 풀어 달라는 의뢰하였다. 그들은 정교한 전파탐지장치 탑재차량을 배치하여 은밀하게 추적하기 시작했다. 기술자들은 금방 전파를 포착했지만 발신 시간이 짧아 정확한 위치를 찾지 못했다. 그래서 탐지반은 발신원으로 생각되는 주변 빌딩을 수색하기 시작했다.

마지막 타전으로 본국에 체포 소식을 알리다

코헨이 체포되기 전 시리아 당국은 의도적으로 전파발신지 주변빌딩에 정전을 시켰다. 그러나 이런 사실을 미처 알지 못한 코헨은 축전지를 이용하여 주요 첩보를 이스라엘로 타전했다. 결국 송수신기 위

교수형을 당한 코헨(좌)과 이스라엘 추모 기념우표(우)

치는 정확하게 포착됐고 방첩대원들은 그곳을 급습했다. 시리아 정보 기관은 코헨에게 이스라엘로 허위 첩보를 보내도록 강요했다. 그러나 그는 송신 속도와 리듬의 미묘한 변화로 모사드에 자신의 처지를 알렸다. "나는 체포되었습니다. 그리고 죽음의 선고를 받은 인간입니다!"라고. 골란고원 곳곳에 산재해 있는 유칼립투스 산림과 스파이 코헨의 이야기는 이스라엘 국민 누구나 잘 알고 있으며 애국심의 상징으로 오늘날까지 회자되고 있다.

사상 최대의 전차 결전장 '눈물의 계곡'

1973년 10월 6일부터 10월 22일까지 골란고원을 중심으로 20세기의 마지막 대규모 전차전이 벌어졌다. '눈물의 계곡'이라고 불리는 그 전장터에는 오늘날에도 곳곳에 녹슨 전쟁 잔해들을 쉽게 찾아 볼 수 있다.

시리아군 병영터에 들어선 이스라엘 키브츠

안내자 나아만은 눈물의 계곡 전망대로 가던 중에 참전용사인 자신의 오빠 피니(Pini, 64세)가 있는 키브츠에 들렀다. 필자에게 이곳에서 직접 전투를 경험한 참전자를 만나도록 배려해 주었던 것이다. 그녀의 마음 씀씀이가 고맙다. 오빠는 수로용 배관과 모터를 생산하는 조그마한 공장을 운영하고 있었다. 이 키브츠는 과거 시리아군 병영이란다.

인상 좋은 피니씨는 지리산의 지하수 개발 공사에 참여하면서 수차

눈물의 계곡이 내려다 보이는 전망대

례 한국을 방문하였다.

그가 본 아름다운 우리 강산과 남해 바다에 대해 극찬을 한다. 하긴 손바닥만한 국토(경기도와 강원도를 합친 정도)에 절반이 사막인 이스라엘은 산과 바다가 어우러진 금수강산 한국과는 비교조차 되지 않으리라. 그는 전쟁 당시 전차병으로 바로 이 골란고원에서 전투를 치루며 죽을 고비를 몇 번이나 넘겼다. 현재 60대 중반 이상의 이스라엘인은 대부분 참전용사라고 해도 과언이 아니다.

참전용사 피니(Pini)의 전차전 이야기

1973년 10월 6일 오후, 이스라엘군 전차와 시리아군 전차 수 백 대가 뒤엉킨 골란고원. 피아간 불과 수십 m의 거리를 두고 전차포가 불을 뿜었다. "전방에 적전차!", "사격준비 끝!", "쏴!", "좌 전방 적 전차

2대 동시 출현!”.....명중된 시리아군 전차에서 화염이 치솟는다. 온몸에 불이 붙은 전차병들이 비명을 지르며 튀어나와 바닥에 뒹군다. 특히 피니씨가 탑승한 전차는 지뢰제거 전차와 장벽극복용 가교전차를 우선적으로 타격했다. 당시 그와 동료들은 자신들이 물러서면 조국의 운명은 끝난다는 절박한 심정을 가지고 있었단다.

최초 시리아군은 15:1의 압도적으로 우세한 전차로 이스라엘군을 공격했다. 그러나 10월 6일부터 수 일 동안 이스라엘군은 사력을 다해 적을 저지하면서 간신히 전선 붕괴를 막았다. 뒤이어 긴급 증원된 이스라엘 동원기갑부대는 아랍연합군을 차례로 격파하면서 시리아 수도 다마스쿠스 근교까지 진격한다. 결국 10월 22일 저녁, 시리아는 UN의 정전 제의를 받아들일 수밖에 없었다. 골란고원 전투에서 시리아군은 1,150대, 이라크는 200여 대, 요르단은 50여 대의 전차를 잃었다. 그러나 피니씨는 두 번 다시 그와 같은 처절한 전쟁경험은 하고 싶지 않다며 애써 과거 기억에서 벗어나려 하였다. 그는 전쟁이 끝나고 한동안 시리아군 포로를 관리하다가 집으로 돌아왔다고 한다.

눈물의 계곡에서 파괴된 시리아군 T-62 전차

전망대에서 본 눈물의 계곡과 접경 지역

골란고원은 대체로 평탄한 초원지대이나 가끔씩은 야트막한 구릉도 있다. 군데군데 해자와 긴 제방(대략 3m 높이), 도로장애물 등의 대전차방벽이 보인다. 갑자기 자동차는 산등성이의 좁은 길로 기어오른다. 도착한 곳은 멀리 접경 지역이 내려다보이는 높은 고지정상의 전망대. 이 곳 역시 과거 이스라엘군 진지였다. 주변에는 온통 폐기된 교통호와 벙커들이 거미줄처럼 얽혀 있다. 고지 아래 멀리보이는 곳이 바로 '눈물의 계곡(Valley of tears)'. 이 전장터가 피아 전차 수 백대가 뒤엉켜 수 일 동안 주야로 피 튀기며 싸운 곳이란다. 오죽 사상자가 많았으면 눈물이 강물처럼 흘렀을까? 멀리 이스라엘 점령지에는 졸지에 이산가족이 된 시리아 마을도 보인다. 철책 바로 건너편 눈앞의 부모형제를 만나려면 요르단을 거처 시리아로 가야한다. 한국 속초의 '아바이 마을'같은 곳이 골란고원에도 4개소나 있단다.

이스라엘군 전승비와 국기

전승비 앞에서 현장교육을 받는 이스라엘 병사들

전망대에서 멀지 않은 곳에 높게 휘날리는 이스라엘 국기와 전쟁 당시의 전차와 전승비가 있었다. 그리고 시뻘겋게 녹슨 시리아군 T-62 전차포신이 마치 벌 받는 학생처럼 고개를 푹 숙이고 있다. 마침 그곳에는 현장교육 중인 이스라엘군 장병들과 UN군 소속의 캐나다군 대위가 모여 있다.

고릴라 덩치의 이스라엘군 장교는 낯선 이방인에게 당장 경계심을 나타낸다. 그러나 그 대위는 캐나다와 한국은 6·25전쟁에서 피를 같이 흘린 혈맹의 나라라며 반갑게 손을 내민다. 특히 오늘날 한류 열풍을 놀라워하며 자신이 가진 휴대폰도 한국산이라고 한다.

두 사람의 친근함을 보고서야 이스라엘 고릴라(?)는 밝은 표정으로 '10월 전쟁'의 결과를 이야기했다. 이 전쟁으로 항상 승리만을 가졌던

캐나다군 대위(중앙)와 이스라엘군 장교(우)

이스라엘군 신화는 깨어졌단다. 전쟁 비용은 1년 치 정부예산과 맞먹었으며 수많은 전사자와 부상자의 고통은 가늠할 수도 없었다.

국민들은 서로 불신하며 여러 파벌로 분열되었다. 특히 강력한 주변 적대 국가들을 새삼 인식한 이스라엘은 전례없이 군사 · 외교적으로 미국에 의존할 수밖에 없는 계기가 되었다고 하였다.

팔레스타인

Palestine

팔레스타인 청년의 분노와 이스라엘 여경

1948년 5월 14일 이스라엘 건국 이후, 수차례의 전쟁으로 수많은 팔레스타인들은 갈 곳 없는 세계 난민으로 전락했다. 현재 이스라엘, 서안 · 가자지역, 인접 아랍국가 거주 팔레스타인은 약 1000여만 명. 오늘도 중동의 화약고 예루살렘은 팽팽한 긴장감이 감돌고 있다.

팔레스타인 청년 모하메드의 분노

팔레스타인, 이스라엘인 · 관광객들로 뒤범벅이 된 예루살렘 구시가지. 유대교, 이슬람교, 기독교 종교 행사가 하루가 멀다 하고 좁은 골목에서 수시로 개최된다. 특히 유대교 성지인 통곡의 벽과 이슬람교 황금사원은 성벽 하나를 두고 맞붙어 있다. 곳곳에 기관단총과 몽둥이를 쥐고 무리지어 서 있는 이스라엘 군인 · 경찰들! 이런 전경은 얼마나 예루살렘이 복잡한 역사를 가지고 있는지 한 눈에 보여준다.

모하메드(Mohamed · 24)는 동예루살렘 기념품 가게에서 일하는 팔레스타인 청년이다. 그의 할아버지는 가자(Gaza)지구에서 조상 대대로 농사를 짓고 살아왔다. 그러나 고향마을이 이스라엘 정착촌으로 수용되면서 어쩔 수 없이 그곳을 떠났다.

"2009년 이스라엘군은 가자지구 무장단체 하마스를 공격했다. 그 당시 1,300여 명의 팔레스타인 주민들이 죽었다. 우리는 결코 하마스를 테러집단이라고 생각하지 않는다. 당신 아파트에 어떤 사람이 갑자기 들어와 주인 행세를 하며 '이집에서 나가라'라고 한다면 가만 있겠는가? 현재 가자지구 주민들은 거대한 감옥에 갇혀있다. 그곳 출입구는 단 3개소. 지중해로도 5Km 밖을 벗어날 수 없다. 서안지역도 분리장벽으로 팔레스타인 생활은 거의 숨이 막힐 지경이다." 그의 눈은 분노로 이글거렸다. 학교 시절 그의 꿈은 컴퓨터 프로그래머였다. 그러나 이제 그 희망은 사라지고 하루하루 밥벌이에도 급한 상황이란다.

예루살렘 통곡의 벽과 이슬람의 황금돔 성지

생존을 위한 이스라엘 여경의 단호한 결의

이스라엘 여경 사라(Sara · 21)는 전투경찰로 군복무를 지원했다. 2년 동안 '전투원(Fighter)!'로 근무하는 자부심을 누리기 위해서란다. 입대 전 할아버지로부터 이스라엘 건국역사를 귀에 못이 박히도록 들어 왔다. 더구나 아버지는 중동전쟁의 참전용사다.

"가끔씩은 극도의 긴장감에 싸이기도 하죠. 그러나 주변에는 항상 든든한 동료들이 있습니다. 누군가 테러로부터 우리 가족을 지켜야 되잖아요. 제 여동생도 곧 입대할거예요." 큰 덩치에 방탄조끼를 입고 장전된 M16을 비껴 멘 그녀의 결의는 단호했다. 넘치는 자신감에 어깨를 으쓱대며 사진촬영까지 응해 준다. 팔레스타인 청년 모하메드와 골목길을 자주 순찰하는 이스라엘 처녀 사라는 서로 안면이 있을지도 모른다. 민족 간의 불타는 증오심만 없다면 어쩌면 젊은 두 청춘은 서로를 아끼는 연인사이가 될 수도 있었을 것을 것인데….

예루살렘 시내를 순찰 중인 이스라엘 여자 전투경찰

팔레스타인과 유대인들의 분쟁 배경

AD 73년, 마사다 요새에서 로마군에게 결사적으로 항거하던 최후의 유대인 저항군이 전멸하면서 이스라엘은 이 지구상에서 사라졌다. 예루살렘은 철저하게 파괴되었고 대신 아랍계 팔레스타인들이 그 자리를 차지했다. 그 후 2000여 년 동안 나라 없는 유대인들은 늘 예루살렘 귀향을 꿈꾸고 있었다.

제1 · 2차 세계대전을 겪으면서 그들은 새로운 국가건설을 위해 온갖 수단을 다 동원했다. 드디어 1947년 11월, UN은 이스라엘 건국을 승인했고 60만 명의 유대인들은 팔레스타인 땅의 56%를 넘겨받았다. 130만 명의 팔레스타인들은 42%의 땅을 할양받고, 2%(예루살렘)는 UN이 관할했다.

UN결정에 아랍제국들이 일제히 반대하면서 이스라엘과 수차례의 전쟁이 있었다. 이런 전쟁을 통해 이스라엘은 오히려 건국 초기보다 4배 이상의 영토를 얻기도 했다. 결국 이 와중에 수많은 팔레스타인들

이스라엘 학살박물관 내의 테러 희생자 추모 동판

이 삶의 터전을 잃었다. 이와 같은 역사적 배경으로 오늘도 이곳에서는 70여 년 이상 유혈 충돌이 계속되고 있다.

수차례의 평화협상 결국 휴지조각으로

끝없는 민족분쟁에 지친 팔레스타인과 이스라엘은 1993년 오슬로 평화협정으로 잠시 숨고르기에 들어갔다. 그러나 쌍방 모두 복잡한 정치적 내부갈등으로 협상은 깨지고 말았다. 반복되는 테러와 보복 공격, 그리고 국제 사회의 미묘한 국익 계산으로 팔레스타인 문제해결은 거의 불가능한 것처럼 보인다. 지금도 곳곳에 처절했던 과거의 분쟁현장에는 역사적 상흔들이 많이 남아 있다.

한국 기독교 신자들의 예루살렘 시내 행사

아는 만큼 보인다!

팔레스타인·이스라엘 분쟁역사

- 1917년 영국 '밸푸어 선언' 유대인 국가건설 약속
- 1947년 UN 총회 팔레스타인 · 이스라엘 분할 결정
- 1948년 이스라엘 건국 선포, 인접 아랍국과 4차례 전쟁
  * 100여만 명의 팔레스타인 난민 발생
- 1987년 팔레스타인 대규모 저항운동 전개
- 1993년 팔레스타인 · 이스라엘 오슬로 평화협정 체결
- 2002년 이스라엘 분리장벽(710Km) 건설 추진
- 2014년 이스라엘 가자지구 하마스 무장단체 공격

민족분쟁 뿌리를 증언하는 자파 해방기념관

팔레스타인 · 이스라엘 분쟁은 일찍이 100여 년 전부터 시작되었다. 중동지역 이권을 두고 강대국들은 전쟁과 협상을 거듭했다. 그러나 힘없는 약소민족의 목소리에는 누구도 귀 기울이지 않았다. 결국 팔레스타인들은 삶의 터전이 송두리째 뽑히는 비극을 당해야만 했다.

팔레스타인 · 이스라엘 분쟁의 뿌리

오늘날 중동지역의 끝없는 분쟁은 서구 제국주의가 뿌린 비극의 씨앗 탓이다. 제1차 세계대전 당시 영국은 아랍인들에게 독립국가 건설을 약속한 '맥마흔-후세인 협정'을 체결한다. 그러나 1916년 5월, 프랑스와는 은밀하게 아랍영토의 분할 통치 밀약을 했다. 더구나 1917년 11월, 영국은 '밸푸어 선언'으로 팔레스타인에 유대인 국가건설까지 공표했다.

이처럼 중동 지역이 세계 화약고로 떠오른 것은 영국의 기만적인 이

예루살렘 시내 쪽에서 본 분리장벽 전경

중 플레이 외교가 결정적인 요인이다. 전쟁이 끝난 후, 1922년부터 중동지역을 보호령으로 다스리던 영국 묵인 하에 유럽 유대인들의 팔레스타인 이주가 크게 늘어났다. 결국 20세기 전반기에 이미 이 지역에는 큰 재앙의 먹구름이 몰려오고 있었던 것이다.

민족갈등 역사를 증언하는 자파 해방기념관

지중해 해변의 자파(Jaffa)는 텔아비브(Tel Aviv)와 맞붙어 있는 도시다. 1940년대 팔레스타인과 유대인들이 뒤섞여 살았던 이 도시 해변에는 촘촘한 총 · 포탄 자국이 있는 담벼락에 맞붙은 독립건물이 서 있다. 바로 이곳은 '자파 해방기념관(The Museum of Jaffa's Liberation)'이다. 전시관에는 자파지역에서의 팔레스타인 · 유대인 그리고 영국군까지 뒤엉겨 싸웠던 처절한 역사가 그대로 재현되어 있다.

제2차 세계대전 후 유대인들은 이 항구를 통해 대거 이주해 왔다.

텔아비브 부근의 자파 해방기념관 전경

두 민족은 첨예하게 대립했고 시내에서는 팔레스타인들의 반유대인 무장폭동이 수시로 일어났다. 영국군은 계엄령까지 선포하여 겨우 분쟁을 진압했다. 영국은 대책없이 약속한 2개의 독립국가 건설에 책임을 져야했다. 자파, 텔아비브, 하이파 등에서는 연일 두 민족의 충돌로 건물은 불타올랐고 많은 사람들이 죽어갔다.

팔레스타인 난민을 양산하는 중동전쟁

끝없는 유혈충돌에 지친 영국은 1947년 11월 29일, 이 문제를 유엔에 떠넘긴다. 팔레스타인들은 곳곳에서 이주자 마을을 습격했고 유대인들도 하가나(Hagana)등 많은 무장단체를 만들어 대응한다. 사실상 1930년대부터의 부분적인 민족 갈등이 결국 전쟁으로 치달은 것이다.

이스라엘 건국(1948. 5. 14) 선포와 동시 인접 아랍국인 이집트, 이라크, 요르단, 시리아, 레바논, 리비아, 사우디아라비아, 예멘까지 전쟁에 합세했다. 이 당시 유대인 인구는 불과 65만 명. 그러나 일부 이

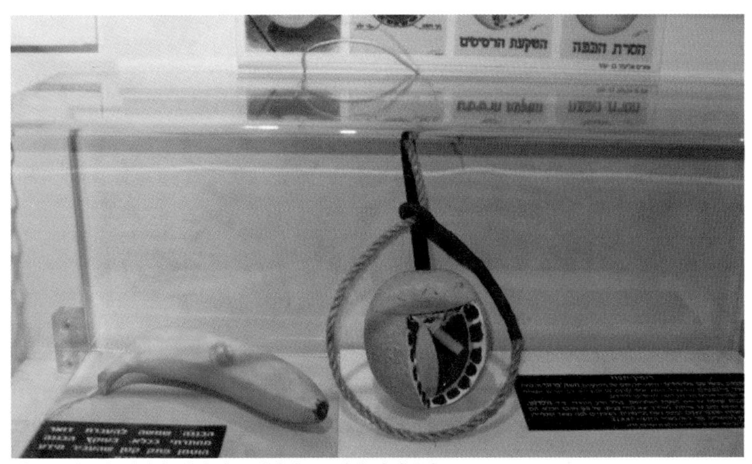

영국군 검문을 피하기 위해 만든 바나나 · 오렌지 사제폭탄

스라엘군은 제2차 세계대전 시 영국군 소속으로 실전 경험까지 가졌다. 여기에다 죽기 살기로 전쟁에 동참하려는 남녀노소 이주자들의 독한 의지에 아랍군은 손을 들 수밖에 없었다.

1949년 7월 19일, 제1차 중동전쟁은 이스라엘군 승리로 끝났고 이집트는 가자지구를, 요르단은 서안지역을 확보하는 실리를 챙겼다. 이 와중에 팔레스타인들은 고향을 떠나 뿔뿔이 흩어졌다. 뒤이어 1967년 제3차 중동전쟁으로 대규모 난민들이 또다시 이웃 아랍국으로 쏟아져 들어갔다. 그러나 이슬람 형제국들조차도 이들을 반기지 않았다. 오늘날 팔레스타인들은 나라 없는 고통을 되씹으며 눈칫밥 먹는 신세를 서러워하고 있다.

끝없는 민족 간의 증오심이 난민 양산

국제구호단체 지원에 의존해 하루하루 힘겹게 살아가는 팔레스타인 난민은 거의 400여 만 명에 이른다. 이들의 귀환과 보상에 대해 이스

요르단 국경지역에 있는 팔레스타인 난민촌 전경

라엘은 "우리도 피해자다!"라고 소리친다. 즉 1948년 독립전쟁 당시 약 90만 명의 유대인들이 이란, 이라크, 시리아, 예멘에서 살았다. 그러나 팔레스타인 사태에 분개한 아랍인들의 유대인 집단주거지 습격으로 그들은 모든 재산을 내버리고 쫓겨났다. 약 70만 명의 유대인 난민들은 이스라엘로, 나머지 20만 명은 유럽과 미국으로 이주했다. 이들은 약 3,000억 달러의 재산과 이스라엘 국토 네 배에 달하는 토지를 빼앗겼다고 주장한다.

자신의 감옥을 스스로 건설하는 서글픈 현실

오늘날 반복되는 테러로 시민 안전을 지킨다는 명분으로 가자지구 · 서안지역 경계선에 약 700Km에 달하는 거대한 분리장벽이 세워졌다. 높이 8~9m, 전기철조망은 팔레스타인 생존까지 위협한다. 이런 조치에 국제사회는 장벽철거를 요구했으나 자국민 보호가 우선이라는 이스라엘 정부를 아무도 말릴 수 없었다.

아이러니하게도 이런 장벽 건설에 동원된 노동자들 대부분이 팔레스타인이었다. 열악한 삶에 지친 이들은 자신들의 감옥을 스스로 짓고 있다는 것을 알았다. 그러나 일당이라는 명목으로 매일 주어지는 달콤한 돈의 유혹을 뿌리칠 수 없었다. 이에 비해 이스라엘 자파해안은 관광명소로 변신하여 수많은 여행객들이 여가를 즐기고 있다. '도전과 응전의 역사!'에서 승자와 패자의 결과는 이렇게 극과 극을 달리고 있었다.

팔레스타인 소년의 맑은 눈동자

팔레스타인 · 이스라엘인 누구든지 "평화!"를 부르짖는다. 그러나 서로 상대가 없어져야 원하는 평화를 얻을 수 있다고 생각한다. 결국 자신의 주장을 조금씩 양보하지 않는 한 진정한 팔레스타인 평화는 요원한 꿈에 불과할 것 같았다.

상대에 대한 끊없는 증오심

'2016년 2월 29일 밤! 이스라엘군 2명이 탄 지프가 팔레스타인 서안지역 칼란디아 난민촌으로 들어갔다. 주민들은 이 지프를 보자마자 화염병과 돌을 던졌다. 불이 차로 옮겨 붙자 군인 둘은 탈출했다. 성난 군중들은 이들을 추격했고 긴급한 구조 요청에 이스라엘군은 병력을 급파했다. 이 과정에서 모두 1명이 숨지고 20여 명이 다쳤다.' 최근 차량 내비게이션 오작동으로 일어난 중동사건 소식이다.

지난 15년(2000~2014년) 동안 이런 충돌로 목숨을 잃은 사람들이 1만여 명에 달한다. 물론 팔레스타인들이 압도적으로 많다. 똑같이

버스터미널의 무장한 이스라엘군 휴가 장병

팔레스타인 마을 여리고 버스정류소에서 만난 소년과 자치경찰

부르짖는 평화를 위해 이스라엘은 "테러 중단!"을, 팔레스타인은 "가자 · 서안 점령지역 철수!"를 요구한다.

평화에 대한 간절한 여망

서안지역의 작은 팔레스타인 도시 여리고(Jerico). 한 눈에 보아도 이곳 주민들의 삶이 어렵다는 것이 느껴진다. 초라한 건물, 창문에 걸쳐 놓은 빨래, 그리고 골목골목에서 놀고 있는 아이들의 옷차림도 깨끗하지 못하다.

여리고 버스정류소에서 만난 어느 팔레스타인은 낯선 여행객을 붙들고 비탄어린 탄식을 한다. "우리 모두는 평화를 원한다. 무력으로 이스라엘과 대결하려는 팔레스타인은 많지 않다. 그런데 유대인들은 오직 힘으로만 우리를 억누른다. 그동안 너무나 많은 사람들이 피를 흘렸다. 저기 뛰노는 아이들을 보라. 저런 애들에게 희망을 가지라고 이야기할 수 없는 것이 가장 가슴 아프다." 대화를 나누면서도 수시로 한숨을 내쉰다. 마침 멀지 않은 곳에 있는 아이에게 사진을 찍자고 하니 반갑게 뛰어 온다. 그 소년의 맑은 눈망울과 천진한 웃음은 한국 초등학생과 전혀 다를 바 없었다.

이스라엘과 팔레스타인 생존권

거듭되는 유혈충돌과 이스라엘 봉쇄정책으로 팔레스타인은 깊은 불황과 가난의 늪에 빠져 있다. 팔레스타인 실업률은 50%, 1인당 국민소득은 2,810달러에 불과하지만 이스라엘은 34,120달러에 달한다(2013년 기준). 수많은 팔레스타인들이 이스라엘 공장 등에서 일하지만 임금은 유대인의 1/4 수준이다.

예루살렘 다마스크스 성문의 팔레스타인 노점상

팔레스타인은 생존의 필수요소인 수자원도 이스라엘에 전적으로 의존한다. 이스라엘은 골란고원 헤르몬 산에서 발원한 물을 취수하여 전국으로 공급한다. 이 물은 이스라엘 통제 하에 80%는 자신들이, 나머지 20%는 팔레스타인이 사용한다. 이스라엘의 1인당 연간 물 사용량은 팔레스타인의 7배에 달한다. 여기에다 팔레스타인은 전력조차 이스라엘에 의존하고 있다. 이스라엘이 이들의 생존권을 쥐고 있다 해도 과언이 아니다.

이스라엘 국적 팔레스타인과 사회 변화

이스라엘 인구 약 800만 명 중 자국 시민권을 가진 팔레스타인은 200만 명에 달한다. 대다수의 유대인들은 이들을 불신의 눈으로 보고 있다. 그들에게는 병역의무조차 지우지 않는다. '믿을 수 없으니 총을 주면 안 된다'는 발상이다. 팔레스타인 청년들은 군 면제를 받는 대신

동예루살렘 팔레스타인 거주 지역

번듯한 직장 취업은 어렵다.

가자 · 서안지역 팔레스타인은 450만 명. 이스라엘 국적의 팔레스타인을 합하면 650만 명으로 유대인보다 더 많다. 이 격차는 점점 더 벌어져 간다. 팔레스타인 가정은 산아제한 개념이 없다. 10여 명의 아들 · 딸을 가진 집들도 흔하다. 현재 추세라면 이스라엘내의 팔레스타인 인구는 2020년 경 30%를 넘어설 전망이다. 이들이 투표권 행사시 강력한 팔레스타인계 정당을 만들 수도 있다. 폭발적인 비유대인 증가에 이스라엘 고민은 깊어가고 있다.

테러 공포와 이스라엘인의 삶

텔아비브 유스호텔 프론트에는 친절하고 예쁜 여직원이 근무하고 있었다. 여행객들의 수시 질문과 도움 요청에 늘 웃음으로 대한다. 그러나 실망스럽게도 약간의 틈만 나면 바깥에 나가 담배를 피우는 중

텔아비브 시내의 유대인들의 거리 공연

증 애연가였다. 그녀는 자신의 흡연 동기를 이렇게 이야기 했다. "이스라엘 사람들은 늘 테러 공포에 시달리고 있다. 군복무 중 참혹한 사고현장에 투입되기도 했다. 피 냄새를 맡고서는 도저히 담배를 피우지 않을 수 없었다. 긴장된 생활에 자연스럽게 흡연량은 늘어났다. 동료 여군들의 30% 정도가 담배를 피웠다. 전역한지 수년이 지난 오늘 자기 몸은 완벽하게 니코진에 중독된 것 같다"라고 하였다. 그때서야 거리에서 무리지어 집단 흡연(?)을 하는 이스라엘 여군들의 심정을 이해할 수 있을 것 같았다.

마침 호텔 밖에는 많은 시민들이 흥겨운 거리음악회를 즐기고 있었다. 신나게 춤추는 군중들 주변에는 권총을 찬 무장보안요원 서너 명이 날카롭게 주위를 살피고 있다. 테러를 통해 자신들의 주장을 관철시키겠다는 일부 팔레스타인 무장단체와 100배 응징보복을 공언하는 이스라엘 정책 대결로 사실상 중동의 평화는 쉽게 올 것 같지는 않았다.

요르단

Jordan

요르단 군사박물관과 아라비아 로렌스

요르단은 이스라엘과 수차례의 전쟁을 치루었다. 그러나 거듭되는 패전으로 결국 동예루살렘과 서안지역을 이스라엘에 넘겨주었다. 암만의 군사박물관은 요르단 건국 이후의 전쟁역사를 있는 그대로 전시하고 있었다.

제1차 세계대전 후 탄생한 요르단

15세기 이래 대부분의 중동지역은 오스만 터어키 제국이 지배했다. 그러나 제1차 세계대전 시 독일편에 가담한 오스만은 패전 후 광대한 영토를 잃게 된다. 특히 전쟁 중 영국은 정보장교 로렌스 중위를 아라비아 반도로 보내어 아랍 부족장들을 회유했다. 즉 이들을 규합하여 적지 후방에서 오스만군과 독일군을 공격하여 전쟁을 승리로 이끌었다.

1918년 전쟁이 끝난 후 승전국 영국 · 프랑스는 요르단, 사우디아라비아, 이라크, 이란, 시리아, 레바논 등 신탁통치령 신생 국가들을 만든다. 그러나 당시 강대국들은 복잡한 이 지역 특성은 고려하지 않고

암만시내 중앙에 있는 요르단 군사박물관 전경

중동 지도에 자를 대고 일방적으로 국경을 정했다. 그래서 이 나라들의 국경선은 대체로 일직선 형태가 많다. 결국 세계 질서 재편의 오류가 오늘날 중동 분쟁의 시발점이 되고 말았다. 더구나 그 이후 수차례의 중동전쟁 간 수많은 팔레스타인 난민들이 요르단으로 유입되었고 최근에는 시리아 난민들까지 이 나라로 몰려들고 있다.

요르단의 군사박물관을 찾아서

요르단 수도 암만(Amman)의 호텔 프론트에서 군사박물관을 확인하니 시내에서 다소 떨어진 곳에 있다고 한다. 친절한 종업원은 한국인 성지 순례단이 이곳에 자주 온다며 잘 아는 택시기사까지 소개해준다. 사실 기독교 유적지나 관광 명소는 많은 사람들이 관심을 갖지만 요르단 전쟁역사를 알고자 하는 사람은 거의 없는 듯 했다.

미국에서 대학을 졸업했다는 운전기사는 묻지도 않은 요르단의 어려운 사회 현실을 다소 과장되게 토로한다. 특히 최근 이집트 · 시리아 정국 불안으로 요르단 관광 산업은 치명적인 타격을 받았단다. 요르단 · 이스라엘 · 이집트로 연결되는 여행코스의 위축으로 관련 업계는 거의 개점휴업 상태라고 한다. 알고 보니 군사박물관은 시내 외곽이 아니라 암만 중심부에 있어 30분도 채 안되어 도착했다.

크고 작은 전쟁역사 가감없이 전시

군사박물관은 시내를 내려다 볼 수 있는 언덕 위에 있었다. 외관상 웅장한 단일 건물과 외부에는 과거 전쟁 시 사용한 화포 · 장갑차 · 전차가 전시되어 있다. 박물관 관리인은 내부 사진촬영 금지를 당부한다. 2층으로 향한 경사로 전시 코너에서는 요르단 건국과정과 제1차 세계대전 중 로렌스 중위의 활동상을 소개하고 있었다.

로렌스는 아랍사람들을 이방인으로 대하지 않았다. 그는 야만적인 아랍인이라는 인식이 팽배했던 시기에도 그들과 동화되려고 노력했다. 이해하지 못

요르단군 부대마크와 전몰장병 명비(좌 · 우측 벽면)

할 관습들도 있었지만 그것은 사막이라는 거친 환경에서 생존을 위한 수단이라는 것을 그는 스스로 깨달았다. 마침내 로렌스는 아랍부족들을 단결시켜 아라비아반도에서 암만을 거쳐 시리아 다마스커스로 입성했다.

온통 황갈색인 사막지도 위에 아랍부족들이 오스만 터어키군을 격파하고 시리아로 진격한 코스가 선명하게 표시되어 있다. 이 전쟁 승리로 요르단이라는 국가가 생겨나게 된다. 그러나 1946년 영국으로부터 독립한 요르단은 안타깝게도 1967년 6일 전쟁에서 이스라엘에게 졌다. 결국 알토란같은 동예루살렘과 요르단강 서안의 넓은 땅을 포기해야만 했다.

박물관 자료 확보에 목말라하는 필자 심경을 눈치 빠른 운전기사가 알아차렸다. 그는 관리인 방향을 슬쩍 막아서면서 수시로 사진촬영 기회를 제공한다. 물론 이런 전광석화 같은 비밀작전(?) 후에는 대가가 있

6일 전쟁 당시 요르단-이스라엘군의 예루살렘 전투

세계 7대 불가사의 유적의 하나인 패트라 전경

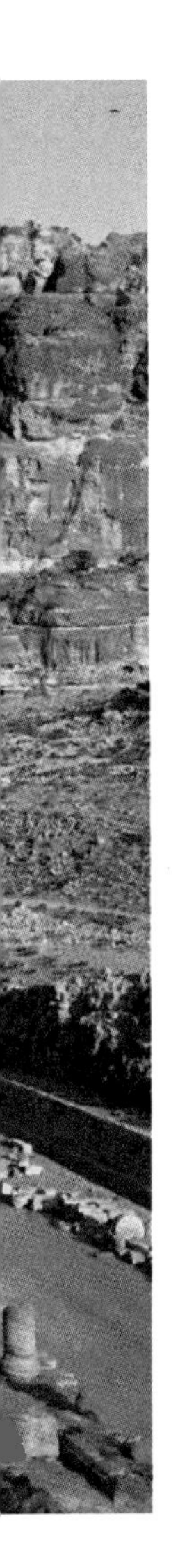

다는 무언의 약속이 오가기는 했지만…

세계 7대 불가사의 패트라 유적지

암만을 떠나 요르단 남쪽의 유일한 항구인 아카바로 향했다. 이 남북종단 고속도로 옆에는 고대 유적지 패트라(Petra)가 있다. 특히 이곳은 영화 "아라비아 로렌스"와 "인디아나 존스(최후의 성전)" 촬영지로도 유명하다. 입구 좌우에는 높이 200m 바위산이 솟아있고 폭 2~3m의 협곡이 1.5Km에 걸쳐 있다. '암벽에 세워진 도시'라는 의미의 패트라는 기원전 1세기경 나바테아 왕국 수도였다. 바위산을 깍아 만든 신전, 동굴형 거주지, 온수 목욕탕 그리고 상수도시설까지 갖춘 이곳을 보면 왜 세계 7대 불가사의에 속하는지를 금방 이해할 수 있다. 그러나 이런 세계적 관광지 역시 여행객 급감으로 한산한 모습을 보이고 있었다.

아는 만큼 보인다!

오늘날의 요르단(Jordan)

요르단은 아라비아 반도의 북서쪽에 위치하고 있다. 서로는 이스라엘, 북으로는 시리아, 동으로는 이라크, 남으로는 사우디아라비아에 둘러싸인 내륙국가이고 바다와는 남쪽의 아카바만과 유일하게 연결되어 있다. 요르단은 인구 약 653만 명, 국토면적 8.9만 Km^2를 가진 입헌군주국이다. 군사력은 병력 10만 명, 전차 900대, 장갑차 800대, 초계정 12척, 항공기 220대를 보유하고 있다(출처: 2015 Military balance).

요르단-이스라엘 국경을 건너다

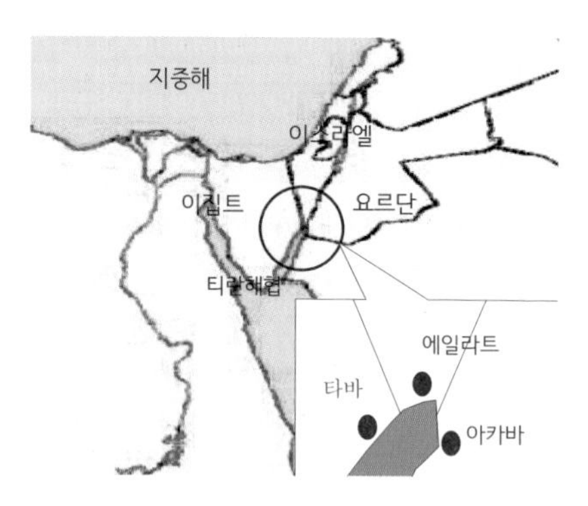

홍해 입구에서 길다랗게 뻗은 티란 해협을 따라가면 아카바만이 나온다. 이 좁은 수로는 요르단 · 이스라엘이 인도양으로 나갈 수 있는 유일한 숨구멍. 이곳에서도 예외 없이 해협의 안전한 통항로 확보를 위한 처절한 전쟁의 역사가 있었다.

요르단 · 이스라엘의 숨구멍 티란 해협

온갖 산호초들이 끝없이 펼쳐져 있고 화려한 색상의 물고기들이 지느러미를 팔랑이는 아카바 만! 티란 해협과 연결되는 이곳은 시나이 반도와 아라비아 반도 사이에 있다. 특히 요르단 아카바(Aqaba), 이스라엘 에일라트(Elait), 이집트 타바(Taba)는 세계적인 해양스포츠 관광

도시이다(지도 참조).

이 아카바 만에서 티란 해협을 따라가면 인도양으로 나갈 수 있다. 티란 해협의 가장 넓은 곳은 24Km, 아카바에서 끝부분까지는 160Km 이다.

요르단 아카바는 깔끔하게 정리되어 있고 분위기도 한결 여유롭다. 원래 이 지역은 사우디아라비아 땅이었다. 옛날 요르단은 완전한 내륙국가였으나 전 국왕 후세인이 요르단 사막지역 일부와 이곳 해안지역을 맞바꾸었다. 아이러니하게도 그 맞바꾼 땅에서 석유가 펑펑 쏟아져 나올 줄이야! 현재도 석유가 전혀 나지 않는 중동의 유일한 국가가 요르단이다. 무척 원통했을 것 같은데도 이 나라 사람들은 바다를 얻은 것을 큰 축복으로 여기고 있단다.

자부심 강한 요르단 전역군인의 해군 자랑

Trip Tips

아카바시 버스터미널에는 관광용 마차들이 줄지어 서 있다.

따가운 뙤약볕 아래 손님을 기다리다 지친 말이 가끔씩 앞 발을 치켜들며 "히히힝!" 소리를 지른다. 그 옆에는 국경 세관을 오가는 택시들이 줄지어 있다. 택시기사는 한국에서 왔다는 이야기를 듣자마자 "꼬레(한국)" 칭찬에 열을 올린다. 더구나 필자가 전직 군인이었다는 이야기에 당장 자신의 전역증을 내민다. 그는 바로 이 아카바에서 요르단 해군 준사관으로 근무하다가 전역을 했단다. 전 병력 500여 명에 불과한 해군에 대한 자부심이 하늘을 찌른다. 국경까지 가는 동안 그는 바로 이 티란 해협에서 일어났던 전쟁역사를 술술 풀어놓기 시작했다.

아카바시 고속터미널 근처의 관광용 마차

해협 봉쇄에 전쟁을 불사하는 이스라엘

이스라엘이 홍해를 거쳐 인도양으로 나갈 수 있는 유일한 통로가 바로 이 티란 해협이다. 바로 이 해로로 이란산 석유를 이스라엘은 수입했다. 만약 이집트가 이곳과 수에즈 운하를 봉쇄하면 이스라엘은 아프리카 희망봉과 지중해를 거쳐 북쪽 하이파 항으로 물자를 운반할

이스라엘군이 티란해협에서 노획한 이집트군 해안포

수밖에 없었다.

1956년 수에즈 전쟁과 1967년 6일 전쟁 당시 바로 이 티란해협을 이집트는 봉쇄했다. 특히 이 해협 입구 '샤롬 엘 세이크(Sharm El-Sheikh)' 항에 이집트는 152mm 해안포대를 설치하여 이스라엘 선박을 통제했다. 전쟁 개시와 동시에 이스라엘 특공대는 이 해안포 진지를 습격하여 순식간에 장악한다. 1967년 두 번째로 이 지역을 점령한 이스라엘은 1982년 시나이 반도 철수 시 티란 해협을 다시는 봉쇄하지 않겠다는 각서를 이집트로부터 받았다. 전쟁 당시 노획했던 152mm 화포들은 지금도 이스라엘 육군박물관에 승리의 징표로 전시되어 있다.

지뢰지대를 사이에 둔 양국 국경 초소

운전기사의 해군 추억담이 시작되기 직전 요르단 국경 주차장에 도착했다. 모처럼 같은 군인으로 전우애(?)를 느꼈던 그는 헤어짐을 못내 아쉬워한다. 국경 세관은 한산했다. 한국여권을 본 직원은 두말 않고

이스라엘군 국경경계 망루(철조망 안쪽은 지뢰지대)

스탬프를 "꽝" 찍는다. 내친김에 같이 사진을 찍자고 하니 포즈까지 취해 준다.

그러나 양국 국경선에 다가서자 이상하게 으스스한 기분이 든다. 흡사 한국의 DMZ 군사분계선을 넘는 기분. 약 200m 정도 되는 중간지대 옆에는 'Mine(지뢰)' 팻말이 곳곳에 달려 있다. 혹시 보일지 모르는 지뢰뿔을 확인하고자 울타리 가까이로 갔다. 하지만 망루형 초소에서 지켜볼 이스라엘 경계병이 의식되어 발길을 돌릴 수밖에 없었다.

Trip Tips

드디어 이스라엘 세관에 도착하니 요르단과는 판이하게 다른 분위기다. 검색 받는 여행객은 모두 잠정 테러 용의자로 보는 듯 했다. "이집트 · 요르단은 왜 갔는지?" "모르는 사람이 짐을 맡기지는 않았나?" 꼬치꼬치 캐묻는다. 그리고 카메라 필름까지 하나하나 확인한다. 세관원의 대부분이 여자다. 대신 주변에는 항상 무장한 남자 직원들이 지켜본다. 늘 테러 위협에 시달리는 이스라엘 처지는 이해하지만 불편한 점이 한 두 가지가 아니다.

이스라엘 남부국경 관광도시 에일라트 시내 전경

서안지역의 요르단군 격전지를 찾아서

1948년 5월 14일, 이스라엘 건국 이후에도 요르단강 서안 팔레스타인 지역은 요르단군이 점령하고 있었다. 그러나 1967년 6일 전쟁에서 요르단은 그 통제권을 이스라엘에 넘겨주고 말았다. 따라서 서안지역(West bank)에는 과거 두 나라가 국가의 운명을 걸고 싸웠던 격전지들이 많이 남아있다. 특히 예루살렘 입구의 교통 요충지에 있는 요르단군 라트룬(Latrun)요새는 6일 전쟁 간 가장 치열한 전투를 치룬 곳이다. 현재는 이스라엘군 탱크박물관으로 활용하고 있다는 그곳으로 우선 가보기로 했다.

세계 최대의 전차박물관 라트룬 요새

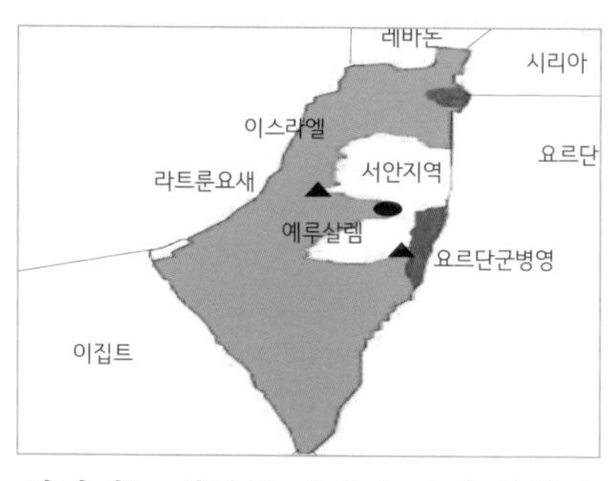

1948년 5월 이후 요르단은 이스라엘과 수차례의 전쟁을 치렀다. 그러나 거듭되는 패전으로 많은 땅이 이스라엘에게로 넘어갔다. 박물관으로 변한 요르단군 요새와 폐기된 병영에는 패전국 비애만 남아 있었다.

'평화의 도시' 예루살렘이 전쟁 진원지

Trip Tips

예루살렘 아브라함 호텔은 세계 배낭 여행객들이 각종 정보를 나누는 본산이다. 숙소도 저렴한 도미토리형부터 일반 객실에 이르기까지 다양하다. 개인취사도 허용되고 교통까지 편리하다.

운 좋게도 이곳에서 전쟁역사에 관심이 많은 미국 웨스트 워싱턴 대

예루살렘 성벽의 총포탄 흔적

학의 월터 스네스(Walter Sness, 55) 교수를 만났다. 그는 190cm 키에 몸까지 비대한 미국계 유대인이다. 같은 객실의 윗자리를 차지한 그가 잠자리에 들면 혹시 2층 침대가 무너지지 않을까? 하는 불안한 마음이 들기도 했다. 그러나 주변의 많은 전적지들을 답사한 경험이 있는 그로부터 큰 도움을 얻을 수 있었다.

"평화의 도시!"라는 의미의 예루살렘. 그러나 이 도시는 사실상 중동전쟁의 진원지였다. 1948년 이스라엘 독립전쟁, 1967년 6일 전쟁 간 치열했던 예루살렘 시가지 전투현장을 돌아보았다. 성문 담벼락의 무수한 총 · 포탄 흔적! 인류 역사가 곧 전쟁의 역사였음을 증명하고 있었다. 특히 요르단군은 이곳 전투에서 패하면서 동예루살렘과 서안지역 모두를 이스라엘군에게 빼앗기게 된다.

요르단군 라트룬 요새의 전쟁 상흔

월터 교수와 함께 6일 전쟁 중 가장 치열한 전투가 있었다는 라트룬(Raturn) 지역을 찾았다. 이곳을 수차례 와 본 그가 들려주는 이스라엘군 전투 상황의 한 토막.

모세 옛밧(Moshe Yetvat)은 20여 년 전 이스라엘군 병사였다. 그는 예루살렘 부근의 이곳 라트룬 전투에서 부상을 당했다. 그 당시 요르단군은 큰 승리를 거두어 예루살렘행 도로 차단이 가능한 이 요충지를 끝까지 확보했다.

1967년 6월 6일, 어느 덧 43세 장년이 된 모세는 이스라엘군 대령으로 변신하여 이제는 이 지역 전투를 지휘했다. 그는 1948년 전쟁 당시와는 달리 요르단군이 전혀 생각하지 못한 방향으로 공격했다. 특히 가까운 이스라엘 정착촌의 민간 트럭까지 동원하여 심야에 전조등

이스라엘 전차박물관으로 활용되는 라트룬 요새 건물

이스라엘군 분대장 수료식 장면(뒷편 건물은 전차박물관)

을 켜고 요새 주변 도로를 왕복시켰다. 흡사 엄청난 증원군이 몰려 오는듯한 양동작전을 펼치며 집중포격을 퍼부었다. 결국 사기가 떨어진 요르단군은 이 요새를 포기하고 후퇴하고 말았다."

현재 이 전적지는 이스라엘군 전차박물관과 군 관련 행사장으로 활용되고 있다. 아직도 현장 건물에는 무수히 많은 탄흔들이 마마자국처럼 남아 있었다.

전승지에서의 분대장 교육 수료식

라트룬 전적지를 돌아보던 중 우연히 이스라엘군 분대장 교육수료식을 참관하게 되었다. 이스라엘은 병사들 중 가장 우수한 인원을 선발하여 4개월 동안 혹독한 훈련을 거쳐 분대장 직책을 부여한다. 약 1,000여명의 교육수료생들과 수많은 부형들이 행사장을 꽉 채웠다.

아들 · 딸의 하사 임관을 축하하는 부형들

이스라엘군 병사 계급표시는 이 · 일병은 무표시, 상 · 병장은 작대기 2–3개를 전투복 어깨에 부착한다. 그리고 분대장은 병장 계급장 위에 나뭇잎이 추가된다. 분대장에게는 더 많은 급여나 휴가, 영외거주 등의 인센티브도 없었다. 단지 전투에서 앞장 설 수 있는 특권만 있단다. 이런 분위기를 보니 이스라엘군 병사에게 가장 큰 처벌은 "전투에서 제외시키는 것!"이라는 말이 사실인 것 같았다.

1973년 10월 전쟁 참전용사인 루벤 브렌델(Ruven Brendel, 66)은 아들의 교육이수를 축하해 주기위해 고향 갈릴리에서 새벽에 출발했단다. 그에게 팔레스타인 문제를 슬쩍 물었다. "우리는 전쟁에서 패하면 지중해·갈릴리 호수에 빠져 죽을 수밖에 없습니다. 한가롭게 누가 정의냐? 불의냐?를 따질 여유가 없습니다."라고 딱 부러지게 이야기한다.

행사장 너머 멀리 보이는 요르단군 건물은 쓸쓸하게 오늘날 승자의 축제 마당을 말없이 지켜보고 있었다.

잡초만 무성한 요르단군 병영

다시 자동차로 30여 분 달리니 서안지역의 사해가 나온다. 끝이 보이지 않는 넓은 호수가 지금 두 나라의 국경이다. 사해 옆 넓은 평원에는 과거 요르단군 병영 막사들이 을씬스러운 모습으로 남아있다. 1967년 이스라엘과의 전쟁에서 패한 요르단군은 눈물을 머금고 사해를 건너 철수했다.

잡초 속에 파묻힌 생활관, 식당, 수송부 등의 시설이 즐비하다. 주로 1~2층의 건물구조나 형태를 볼 때 1960년대 지어진 것처럼 보인

철거되는 사해 부근의 요르단군 병영

다. 또한 이스라엘군 기습포격에 대비한 지하대피호, 넓은 연병장, 위병소가 원형 그대로 남아 있다. 병영시설과 정문 규모를 고려 시 연대급 부대가 주둔했던 것 같았다. 그러나 이 병영도 곧 철거될 운명이다. 이스라엘의 사해 관광지 개발 계획으로 건물 신축을 위한 깃발들이 곳곳에 세워져 있었다. 폐기된 이 병영도 한 때는 요르단군 장병들의 함성소리가 매일 울려 퍼졌으리라! 세계 역사는 예나 지금이나 철저하게 '강자 존(强者 存)'의 법칙에 의해 움직이고 있음을 다시 한 번 깨달았다.

터 키

Turkey

터키의 국부 케말 동상 가득한 앙카라 거리

터키의 주요 전쟁유적지 요도

터키는 동서양의 가교 역할을 하고 있는 나라이며 한국인들과는 언어 구조, 국민 정서, 몽고반점까지 유사한 점이 상당히 많다. 또한 6 · 25전쟁 때는 약 15,000여명이 참전하여 3,100여명의 사상자를 낸 '혈맹의 국가'이기도 하다.

터키의 국부(國父) 무스타파 케말

케말은 1918년 제1차 세계대전 후 오스만제국이 해체위기에 있을 때, 조국을 구한 터키의 영웅이다. 특히 전승국 연합군은 흑해연안의

터키 독립전쟁과 국민들의 자발적인 전쟁물자 헌납 장면

앙카라 중심부 울루스 광장의 케말 동상

한줌 땅만 터키에게 넘겨주고 국토를 찢어 나누자고 하였다. 만일 이 당시 케말이 이를 막지 않았다면 오늘날 터키는 존재하지 않았을 것이다.

1923년 10월 29일, 터키공화국의 초대대통령으로 취임한 케말은 '모든 국민은 법 앞에 평등하다!'는 서구식 법치와 민주정치제도를 정착시켰다. 그는 터키문자 개조로 80%에 달하는 문맹률을 해소하고, 여성인권 개선, 경제 재건 등 대대적인 사회개혁을 추진했다. 현재 케말은 터키 국부(國父)로 추앙받고 있으며 그의 이름 앞에는 '아타튀르크(Ataturk, 국부)'라는 경칭을 붙이고 있다.

터키인의 성지 아타튀르크 영묘(靈墓)

앙카라 중심부 높은 언덕 위의 아타튀르크 영묘와 기념관! 이곳에는 터키 독립을 위해 희생한 애국시민 추모탑, 독립전쟁역사, 케말 개인 소장품 등이 꽉 차 있으며 연중 내내 수많은 참배객들로 넘쳐난다.

또한 매시간 기념관의 위병교대식은 방문객들의 탄성을 자아낸다.

앙카라 중심부 높은 언덕의 아타튀르크 영묘

아타튀르크 성지내에서 의장병 교대식

늠름한 육 · 해 · 공군의 장병들의 근무교대와 행진은 군중들의 환호 속에 진행된다.

Trip Tips

행사가 끝나면 누구든지 병사들과 자유로운 사진 촬영이 허용된다. 위병과 팔짱을 끼거나 심지어 꼭 껴안고 포즈를 취하는 사람들을 보고서 터키인들의 군인에 대한 인식을 엿볼 수 있었다.

포로수용소에서의 터키군 전우애

약 100여 년 전 독립전쟁에서 전 국민의 피땀으로 나라를 지킨 자부심은 곧 터키군 전통으로 이어졌다. "상관의 명령은 강철을 뚫는다. "전쟁터 전우는 형제보다 더 가깝다"라는 말은 터키에서 일반화되어 있다. 이런 터키군 전통을 실증적으로 보여준 북한 포로수용소에서의 일화이다.

“6 · 25전쟁 중 234명의 터키군이 포로가 되었다. 공산군은 제일 먼저 계급장 없는 군복을 포로들에게 입혔다. 이어서 모두가 평등함을 선언하고 장교와 병사들 사이를 이간질했다. 100명 포로에게 20명분 정도의 음식이 주어졌고 굶주린 유엔군 포로들의 주먹다짐이 일상화되었다. 계급은 의미가 없었고 힘센 포로가 실권자가 되었다. 경비병들은 흐뭇하게 콩가루 집안의 포로들을 지켜보았다.

그러나 유일하게 터키군 위계질서는 결코 무너지지 않았다. 최선임자 대위를 철장에 가두자 곧바로 중위가 포로들을 통솔했다. 장교들을 다 감금하자 이번에는 터키군 상사가 나타났다. 그 부사관은 환자 보호팀을 만들었고 병사들도 기꺼이 약한 동료들을 위해 자신의 식사를 양보했다. 그리고 쥐·뱀·달팽이와 산나물을 채취하여 영양을 보충했다. 또한 터키인 명예를 저버리고 공산군에게 비굴한 행동을 하는 포로는 동료들로부터 집단구타를 당하였다.” 유엔군 포로 50%는 굶주림과 질병으로 죽었고, 휴전 후 조국을 배신한 일부 포로들은 적국에 남아야만 했다. 그러나 터키군 포

영묘 앞에서의 터키인 가족 사진

로 234명은 단 한 명의 낙오자 없이 전원 본국으로 귀환했다."(출처: 터키인이 본 6·25전쟁)

참전용사 후손의 한국 사랑

Trip Tips

앙카라역 근처의 6·25전쟁 참전기념 한국공원! 기념탑 하단에는 전사자 740명의 명단이 새겨져 있고 태극기와 터키국기가 24시간 휘날린다.

가까운 기차역에서 이스탄불행 표를 예매하다가 우연히 아흐메트(Ahmet)씨 가족일행을 만났다. 그들은 이스탄불 친척 결혼식 참석을 위해 기차를 기다리고 있었다. 아흐메트씨는 초등학교 교장으로 은퇴했고 아들은 보안회사 직원이며 딸은 교사였다. 한국공원 이야기를 하다 타계한 그의 부친이 한국전 참전용사임을 알았다. 영어에 능숙한 딸이 할아버지 이야기를 아버지 대신 이렇게 전해 주었다.

한국전 참전부대의 파병사열식 전경

로마시대에 축조된 앙카라성의 일부 전경

"할아버지는 돌아가실 때까지 열렬한 한국 팬이었다. 자신이 학생들과 항공박물관(한국공원과 붙어 있음)에 가면 반드시 참전 기념탑에 들리도록 하였다. 할아버지 권유로 자기 집 가전제품, 자동차까지 전부 한국산으로 샀다. 그분 일생에서 가장 보람된 일은 미력하지만 젊은 시절 오늘날 한국이 있도록 도와주었던 일이다."라고.

1100년 역사를 가진 앙카라성

앙카라시 높은 산정에는 AD 900년 경 로마시대에 만든 견고한 성곽이 있다. 우뚝 솟은 성탑에서 시내를 내려다보면 군데군데 로마유적들이 보인다. 이곳은 도시공원으로 꾸며져 있으며 내성과 외성으로 구분되어 있다. 그러나 성곽 위의 주택들과 어지럽게 연결된 골목길에서 노는 아이들은 이 유적지에 대해서는 별로 관심이 없는 것 같았다.

아는 만큼 보인다!

오늘날의 터키는?

터키는 인구 7,940만 명, 국토넓이 78만Km², 국민개인소득은 연 9,300불이다. 군사력은 51만 명의 병력과 전차 2,500대, 장갑차 4,600대, 함정 210척, 항공기 680대(헬기 포함)를 보유하고 있다(출처: The Military Balance 2015).

산길을 뱃길로 만든 영웅
술탄과 1453박물관

터키 이스탄불은 아시아와 유럽 문명이 수천 년 동안 넘나들던 도시이다. 보스포루스 해협을 중심으로 동·서양의 문화가 매력적으로 혼재되어 있는 이스탄불! 또한 이 도시에는 콘스탄티노플성, 전쟁박물관 등 처절했던 인류 투쟁의 역사를 보여주는 군사유적들도 가득 차 있다.

다양한 민족이 북적이는 이스탄불

이스탄불의 옛 이름은 콘스탄티노플이다. AD 330년 로마의 콘스탄틴 대제가 수도를 로마에서 비잔티움으로 옮기면서 이름을 바꾸었다. 그 후 1453년 술탄 마호메트 2세가 비잔티움제국을 멸망시킨 후 다시 오스만의 수도가 되면서 이 도시는 이스탄불이라는 이름을 얻었다.

오늘날 이스탄불은 터키 제1의 상업과 무역중심 도시이다. 더구나 아시아에서 유럽 직항보다 이스탄불을 경유하면 싼 항공기표를 살 수 있어 많은 여행객들이 이 도시를 들린다. 특히 터키는 시리아, 이라크, 이란, 그리스 등 7개국과 국경을 이루고 있어 다양한 국적의 사람들을 시내에서 많이 만난다.

시리아 난민 청년의 애타는 가족 상봉

이스탄불 시내 좁은 도로에서 트램(도시형 전차)과 버스, 승용차들이 뒤섞여 다니는 것이 신기하게만 느껴진다. 구시가지 술탄아흐메트(Sultanahmet)역에서 우연히 시리아 난민 파디(Padi)를 만났다. 그는 자기 나라에서 의과대학을 다니다가 내전을 피해 터키로 탈출했다. 그의 말에 의하면 시리아 인구 2,200만 명 중 절반이 난민이며 터키로

이스탄불 시내에 남아있는 콘스탄티노플 성곽 전경

약 200만 명이 넘어왔다. 그나마 같은 무슬림인 터키인들은 자신들의 처지를 이해하며 포용해 주고 있단다. 그러나 유럽의 시리아 난민들은 천덕꾸러기 취급을 받으며 비참한 생활을 하고 있다고 했다. 한때 의사의 꿈을 가졌던 그는 이곳에서 호텔 종업원으로 일하고 있다.

"비록 내 꿈은 사라졌지만 하루 빨리 내전이 끝나 생사를 알 수 없는 부모님을 우선 만나는 것이 나의 소원입니다."라는 말을 남기고 그 청년은 사라졌다.

오스만제국의 영광 1453박물관

이스탄불 구시가지를 관통하는 콘스탄티노플성! AD 413년 비잔티움 테오도시우스 황제가 축성한 이 성은 1,500여 년이 지났지만 3중 구조의 성곽 원형이 그대로 남아있다. 성의 맨 바깥쪽에는 깊이 10m, 폭 20m의 해자와 안쪽에는 높이 8.5m~13.2m에 달하는 별도의 내·

콘스탄티노플 성벽을 기어오르는 오스만군

외성이 있다. 총길이 21Km에 성곽에는 23m 높이의 전망대를 96개 설치했다.

이런 난공불락의 요새를 격파하고 비잔티움제국을 멸망시킨 과정을 생생하게 보여주는 1453박물관! 그곳의 1, 2층은 오스만제국의 각종 역사자료가, 3층 파노라마실은 1453년 5월 콘스탄티노플 전투상황을 대형 입체전시물로 재현해 두었다.

포위된 콘스탄티노플성의 결사항전

1453년 4월 9일 새벽, 약관 21세의 술탄 마호메트 2세는 8만 명의 병력으로 콘스탄티노플성을 공격했다. 성안의 비잔티움 군사는 7,000여명에 불과했지만 모든 교회는 일제히 종을 울리며 결사항전을 선언한다. 술탄은 명예로운 항복을 요구했지만 콘스탄티누스 11세는 1000년 제국의 황제답게 그 제의를 거부했다. 이슬람군은 이 전투를 위해 '우르반'이라는 무게가 19톤에 달하는 성채 공격용의 신형대포를 준비

콘스탄티노플 성안으로 입성하는 술탄(마호메트 2세)

했다. 이 대포는 포탄장진 시간만 3시간이 걸렸고, 일일 7발 정도 사격이 가능했지만 성벽에 맞으면 치명적인 파괴력을 발휘하였다.

또한 술탄은 인간심리를 꿰뚫어보는 현실적 리더십으로 이민족으로 복잡하게 구성된 군대의 전투력을 결집시켰다. 즉 "도성에 가장 먼저 도착하여 사로잡는 포로나 빼앗은 재물은 본인소유로 인정하고, 기독교인 수도에 가장 먼저 들어간 자는 알라신이 천국에 특석을 마련해 준다."라는 종교적 신념까지 불어 넣어주었다. 더불어 왕실 근위대를 후방에 배치시켜 후퇴하는 자는 무자비하게 처단하는 냉혹함도 보였다.

군함을 산으로 넘긴 술탄의 전투 의지

"사공이 많으면 배가 산으로 간다."라는 부정적 속담을 술탄은 "사공이 많으면 배도 산을 넘어 갈 수 있다!"는 긍정적 격언으로 만들었다. 이슬람군의 치열한 공격에도 콘스탄티노플성의 군관민은 일치단결하여 필사적으로 저항했다. 특히 '골든 혼'으로 불리는 해협에는 쇠사슬 장애물로 이슬람해군의 접근을 막아 그 쪽 성벽에는 최소의 병력을 두었다. 이에 술탄은 이 장애물을 피해 다른 해안에서 산으로 뱃길을 만들 것을 지시했다. 비잔티움군의 눈을 피해 수만 명의 인력이 야간에 나무를 베고 길을 만들어 통나무를 깔았다. 수천 명의 인력과 수백 마리의 소와 말들이 70여 척의 함정을 끌고 산을 넘었다.

결국 예기치 않은 방향의 기습으로 콘스탄티노플 성은 무너졌다. 이슬람군은 술탄이 보장한 사흘간의 도성약탈권을 먼저 갖기 위해 앞다투어 성안으로 달려갔다. 재산가치가 없는 노약자들은 무자비하게 도륙당하고 젊은 남녀들은 포로로 잡혀 굴비처럼 엮어졌다. 1453년 5월 29일, 1000여년 세계강대국으로 군림했던 비잔티움제국은 역사무대 뒤로 사라졌다. 성안의 모든 교회는 이슬람회당으로 바뀌었고 오

산길을 뱃길로 만들어 기습하는 이슬람군
(사진 우측에서 좌측 보스포루스해협으로 선박을 이동)

스만국기가 콘스탄티노플 성위에 높이 휘날리게 되었다.

'형제의 나라' 되새기는 한국전쟁기념 전시관

터키인들은 한국에 대해 많은 호감과 애정을 가진 민족이다. 특히 "칸 카르데쉬(피로 맺어진 형제)"라는 말은 오직 한국 사람에게만 한다. 그들은 잿더미 위에서 이룩한 '한강의 기적!'을 부러워했고 터키군의 한국파병에 큰 자부심을 느끼고 있었다.

인재양성의 산실 오스만제국 사관학교

이스탄불 신시가지에 있는 터키 군사박물관! 이곳은 1800년대 이래 오스만제국 사관학교 부지였다. 전시관 입구에는 넓은 연병장, 웅장한 막사, 사관생도 훈련장면 등을 담은 많은 사진들이 있다. 예나 지금이나 세계역사를 움직인 강대국은 그 나라의 청년교육에 국가역량을 우선 집중하였다.

터키공화국의 영웅 무스타파 케말 역시 1899년부터 1902년까지 바로 이곳 사관학교에서 교육받았다. 고색창연한 옛 건물의 복도는 끝

이스탄불 군사박물관 앞 제1차 세계대전시의 대형화포

이 보이지 않을 정도로 길었다. 특히 케말이 사용했던 교실은 교관과 생도들의 질의토의 모습을 마네킹으로 재현하면서 그의 생도시절 사진과 성적표까지 전시해 두고 있었다.

한국전쟁 전시관과 터키군 활동

군사박물관은 터키민족의 기원으로부터 영토변천사 등을 일목요연하게 정리해 두고 있다. 현재 이 박물관은 2015년부터 '한국전쟁 특별전시회'를 열고 있었다. 넓은 전시공간에는 1950년대 터키신문, 전선에서의 터키군 활약상, 피난민과 앙카라 학원 사진 등 풍성한 자료로 꽉 차 있다. 터키 육사생도들의 단체관람을 포함하여 학생 · 시민들의 방문이 줄을 잇는다. 특히 참전용사 귀린뤼(Gurunlu)씨의 회고담은 낭시 한국 실상을 잘 나타내고 있었다.

한국전쟁 특별전시관 입구의 태극기

“1950년 한국은 너무나 비참했다. 한 소녀가 비 내리는 진흙탕에서 혼자 떨어져 울고 있었다. 많은 피난민들이 지나갔지만 아무도 관심을 두지 않았다. 그 아이를 데려와 수원 앙카라학교에 맡겼다. 우리는 식량과 보급품을 아껴 고아들을 먹이고 입혔다. 이런 아이들이 장성하여 오늘날의 한국을 만들었다니 너무나 감격스럽다.” 터키군은 이 학교를 1966년까지 운영하며 700여 명의 고아들을 돌보았고 전국에 50개여 개의 구호기관을 세웠다.

포로 대신 죽음을 택한 전쟁 영웅

한국전쟁 전시관에서 터키인들이 한국을 피로 맺어진 형제의 나라!라고 부르는 사연이 담긴 자료들이 많았다. 1951년 4월 22일 야간, 한탄강 북방전투에서 전사한 쾨낸치(Koinenchi)중위가 포병대대에 진내

한국전쟁 시 터키군이 운영한 고아원의 아동들

사격을 요청한 사연의 일부이다.

중대는 중공군에게 완전히 포위됐다. 결코 적에게 포로가 될 수는 없다. 우리를 그들에게 넘기지 말라. 방어진지 위로 집중 포격을 해 다오. 터키군 만세!

현재 이 장교의 이름을 딴 터키의 '쾨낸치 고등학교'에서는 이런 전쟁영웅 이야기가 계속 전해지고 있다. 또한 전사한 아빠를 그리워하는 엄마와 아들, 터키군의 손을 잡고 활짝 웃는 전쟁고아 사진 등은 당시의 전쟁 상흔을 그대로 보여주고 있었다.

제1차 세계대전과 오스만 제국 해체

박물관 2층은 오스만제국의 운명을 바꾼 제1차 세계대전, 갈리폴리 전투, 독립전쟁 전시실이 있다. 이곳에서는 오스만의 전쟁 참여과정을 이렇게 설명하고 있었다.

"오스만은 1853년 크림전쟁과 1912년 발칸전쟁에서 패하면서 유럽영토의 83%를 잃었다. 술탄 메흐메트 5세는 이 모든 것이 러시아가 개입하면서 생긴 일이라며 복수를 다짐했다. 1914년 제1차 세계대전은 오스만에게 앙갚음의 기회였고 독일이 강한 유혹의 손길을 뻗쳐왔다. 술탄에게 엄청난 다이아몬드를 선물하고 철도 건설을 지원하는 등 물량공세를 폈다. 결국 오스만제국은 독일과 비밀동맹을 맺고 전쟁에 뛰어 들었다. 오스만은 사력을 다했지만 1918년 연합군에게 항복하게 되었다."

1920년 8월 10일, 프랑스 세브르에서 오스만은 아랍지역의 모든 영토를 포기하는 조약에 서명했다. 터키 동남부는 프랑스에게, 에게해

이스탄불 군사박물관을 방문 중인 터키 육사생도들

보스포러스 해협 부근의 터키군 군인호텔

섬의 대부분은 그리스에 빼앗겼고 터키 서쪽 일부는 5년 간 그리스 신탁통치에 맡겨졌다. 이로써 오스만 영토는 이스탄불과 아나톨리아 반도 일부로 대폭 쪼그라들었다. 술탄의 오판으로 결국 아시아와 유럽을 호령하던 오스만제국은 해체되고 말았던 것이다.

최고 시설을 갖춘 이스탄불 군인호텔

Trip Tips

이스탄불 신시가지에는 최고급 민간호텔과 터키군 군인호텔이 보스포루스 해협을 나란히 내려다보고 있다. 군인호텔은 25층 빌딩 규모로 최고의 시설을 갖추었지만 투숙료는 저렴하다.

쾌적하고 넓은 로비에는 많은 군 간부 및 예비역들이 여유로운 휴식을 즐기고 있었다. 조국수호에 앞장섰던 찬란한 터키군 전통을 자랑스러워하는 국민들은 이런 군인 복지시설에 거부감은 거의 없는 듯했다. 단지 최근 빈발하는 테러에 대비하여 정문과 울타리의 무장경계병이 다소 분위기를 긴장되게 할 뿐 이었다.

아는 만큼 보인다!

세계 최초의 터키군 군악대

1299년에 창설된 터키군 군악대는 약 700여 년의 전통을 가지고 있다. 쏟아지는 포화 속에서도 군악으로 장병 사기를 고양시키는 터키군의 전통은 지금도 이어진다. 매주 수요일 오후 군사박물관에서 전통 군악대 공연이 있으며 보스포루스 해변 톱카프 궁전에서도 수시로 관광객들을 위한 야외행사를 개최하고 있다.

군사박물관에서 공연 중인 터키군군악대

인재양성의 요람
터키 해군군사고등학교

수백 년 동안 지중해를 주름잡았던 오스만의 역사가 고스란히 녹아 있는 터키 해군군사박물관! "바다를 지배하는 자 세계를 지배한다"는 케말 어록과 자신이 직접 해양스포츠를 즐기는 사진도 박물관에 전시되어 있다.

보스포루스 해협과 이스탄불 서민 생활

이스탄불이 끼고 있는 보스포루스 해협은 이 도시 관광의 꽃이다. 특히 페리투어가 출발하는 에비뇨뉴 선착장은 이스탄불 서민들의 역동적인 삶을 엿볼 수 있는 현장이다. 아시아와 유럽을 오가는 선박들이 끊임없이 오가고, 배가 도착할 때마다 수백 명의 사람들이 한꺼번에 쏟아진다. 페리는 시민들의 중요한 출퇴근 수단이기도 하다.

또한 선착장 옆 가라타 다리 위에는 수십 명의 강태공들이 낚싯대를 드리우고 있다. 흑해와 지중해가 만나는 이곳은 특히 고등어가 많

이스탄불 에비뇨뉴 선착장 전경

이 몰린다. 가난한 서민들이 낚싯대만 들고 오면 하루 반찬을 마련한단다. 다리 밑 바닷가에는 하루 종일 물고기 굽는 냄새가 진동을 한다. 구운 고등어와 양파를 큼직한 빵에 끼워 파는 그 유명한 고등어 케밥거리다. 빵을 한 입 베어 물면 입안에 가득 차는 그 특유의 고소함! 따라서 이곳 선착장과 케밥거리는 항상 사람들로 붐빈다.

이런 환경에서 살아온 터키인들은 누구보다도 바다에 관심이 많았다. 이곳 에비뇨뉴 선착장에서 멀지 않은 해변에 700여 년의 오스만 해양역사를 보여주는 웅장한 해군박물관이 있다.

오스만 영욕이 담긴 해군군사박물관

해군박물관 학예관인 에르콘(Erkon, 50)씨는 평소 수장고 관리와 관람객 안내를 맡고 있다. 그의 설명에 의하면

박물관은 1897년 해군도서관으로 처음 건립되었고 현재 약 50,000여 점의 소장품을 가지고 있다. 전시실에는 오스만해군 발전과정, 황실용 갤리선, 해상무기, 주요 해난사고 자료 등이 꽉 차 있다.라고 했다.

세계최강의 오스만해군도 1571년 10월 7일, 그리스 서부 파트라스만의 '레판토 해전'에서 기독교국 연합함대에 전멸당하여 쇠퇴의 길로 들어섰다. 그러나 무스타파 케말은 1920년대 강력한 해군건설에도 많은 관심을 가졌다. 우람한 체격의 케말이 윗옷을 벗어 제치고 직접 보

이스탄불 해군군사박물관 전경

트의 노를 젓는 사진은 관람객들의 시선을 끌고 있었다.

오스만해군 대참사 '어투그룰'호 침몰사건

박물관 마지막 전시실은 오스만해군의 어투그룰(Ertugrul)호 사건 사진전 코너였다. 이곳에는 사고기록문서, 유류품, 해저탐사사진 등으로 그날의 참상을 이렇게 전하고 있다.

1890년 9월, 이 해난사고로 일본 와카야마현 쿠스모토 앞바다에서 오스만해군장병 587명이 사망했다. 1889년 7월 14일, 황제 친서를 가진 파샤 중령 외 609명의 사절단은 일본과의 친선 교류를 목적으로 낡은 목재군함 어투그룰 호로 이스탄불을 출발했다. 이 배는 수에즈-켈거타-사이공-상하이를 거쳐 일본 요코하마에 11개월 만에 도착했다. 당시 수병들은 선박 노후화, 물자부족으로 극도의 피로감에 쌓였고 일부 선원들은 콜레라에 걸렸다.

일본 왕을 접견한 함장은 충분한 휴식 없이 무리하게 출항을 서둘렀다. 이유는 오스만해군의 나약한 모습을 동양인들에게 보여주기 싫었던 것이다. 결

중세시대 오스만제국 해군의 복장과 화포

국 1890년 9월 16일 22:00시, 태풍으로 군함은 쿠스모토 앞바다 암초에 부딪혀 침몰했다. 610명 승선자 중 생존자는 인근 등대 암초로 가까스로 헤엄 쳐 나온 23명이 전부였다."

전시실에는 사고 해안의 기념탑과 터키 · 일본 합동추모행사 사진들이 곳곳에 붙어 있었다.

영재 조기선발 미래 군간부 육성

Trip Tips

전시관 밖 단체 관람 중학생들에게 에르콘씨가 필자를 한국인이라고 소개하니 손을 흔들며 환호한다. 터키에서 불고 있는 한류열풍을 실감할 수 있었다. 이들 중 해군장교를 꿈꾸는 학생들은 해군군사고등학교로 진학을 많이 한다고 했다.

그의 소개로 배를 타고 1시간 정도 걸리는 보스포루스 해협 입구 섬에 있는 해군군사고등학교를 방문했다. 학교는 군함 정박이 가능한 부두까지 갖춘 광대한 시설을 가졌고 자율구보를 하고 있는 학생들이

보스포러스 해협 입구 섬의 해군군사고등학교 전경

가끔씩 보였다. 역사관에는 교내생활과 학교행사 소개사진들이 많았다. 돌아오는 선편에서 주말 외박을 나가는 학생들과 자리를 함께 했다. 군사문제에 누구보다도 관심이 많은 그들은 한국전쟁 터키군 참전사도 잘 알고 있었다. 특히 1학년 오스만(Osman, 15)군은 "자신은 터키 해군사관학교로 진학하여 한국진해의 해군사관학교에 위탁교육을 가기위해 지금부터 준비하고 있다"고 했다. 가족들을 떠나 외딴 섬에서 유능한 군인을 꿈꾸며 수련하는 그 어린 소년들의 마음이 기특하여 한 아름의 과자를 선물로 안겨주고 이스탄불로 돌아왔다.

아는 만큼 보인다!

터키 군사고등학교 제도는?

터키는 전국 4개소에 국가 인재 양성 차원에서 군사고등학교를 운영하고 있다. 모든 학비는 국비로 지원되며 전원 기숙사 생활을 한다. 졸업 시에는 개인 희망에 따라 사관학교나 명문대학에 자유롭게 진학이 가능하다. 현재 육군군사고등학교는 스탄불(Istanbul)과 이즈미르(Izmir)에, 해군군사고등학교는 헤이밸리(Heybeli)에, 공군군사고등학교는 부르사(Bursa)에 있다.

우수 군사고등학교 생도 표창수여식

100년 항공발전사가 담긴 터키공군 군사박물관

터키 곳곳에는 수백 년 전에 축성된 많은 성벽들을 쉽게 볼 수 있다. 특히 다르다넬스해협 입구의 차낙칼레에는 트로이 목마성과 제1차 세계대전기념관이 있다. 이런 군사유적들을 보면서 오스만제국은 평시부터 전쟁대비와 강병육성에 관심이 많았음을 알 수 있었다.

오스만제국 건설의 일등 공신 '예니체리'

오스만제국의 최정예 정규군 예니체리! 이들은 600년간 유럽, 서아시아, 북아프리카의 세 대륙을 지배하며 오스만을 대제국 반열에 올린 일등공신이다. 특히 이 부대의 충원방식은 독특했다. 3~5년 간격으로 전국에서 가장 우수하고 건강한 기독교도 청소년들을 엄격한 과정을 거쳐 선발했다. 선발된 인원들을 이슬람으로 개종시킨 후 혹독한 훈련을 통해 정예 전투원으로 변신시켰다. 이들에게는 파격적인 특권이 주어졌고 대신 부대 군율은 엄격했다. 사소한 부정행위도 사형으로 다스렸다. 이 정예군이 앞장 서는 오스만의 전쟁은 연전연승이었다. 그러나 16세기 중반 이후 핵심 권력층으로 부상한 이들은 부패하기 시작했다. 결국 예니체리는 술탄마저 통제했고 자신들의 사리사욕에만 매달렸다. 약 400여 년 동안 온갖 특혜를 누려온 예니체리군이 탐욕의 집단으로 변하자 오스만제국도 서서히 쇠락하기 시작했다.

100년 전통의 터키공군 역사

20세기로 접어들면서 인류세계에 각종 신무기들이 속속 등장했다. 비록 오스만제국은 정치 · 사회적 모순으로 국력이 쇠퇴하고 있었지만 강군육성에는 관심이 많았다. 이스탄불 아타튀르크 공항에 있는 터키공군 군사박물관! 넓은 야외광장에는 60여대의 항공기가 진열되어 있고 전시관은 터키공군 역사를 이렇게 이야기하고 있었다.

터키항공부대는 1911년 1월 1일 최초 창설되었다. 목재와 천으로 만들어

이스탄불 근교 해변의 오스만제국 성곽

진 조잡한 항공기였지만 국민들은 새로운 군사장비에 높은 관심을 보였다. 제1차 세계대전 중인 1918년 10월 5일, 이스탄불 상공에 5대의 영국공군기가 나타났다. 터키공군의 영웅 파질(Fazil) 대위는 즉각 출격하여 시민들이 생생하게 지켜보는 가운데 적기를 요격했다."

그 이후 터키는 1936년 비행학교를 설립하여 1943년까지 290명의 조종사를 배출했다.

양동전술의 표본 트로이 목마성 유적지

다르다넬스 해협 입구의 차낙칼레(Canakkale)는 고대부터 오늘날까지 아시아와 유럽의 물류거점이다. 특히 이곳 트로이 목마성은 양동작전의 대표적인 전쟁유적지로 알려져 있다.

BC 1200년경 그리스와 트로이 간 10년 전쟁이 있었다. 그리스군은 강력한

이스탄불 공군군사박물관 야외전시장

차나깔레 시청사 앞의 트로이 목마상

성에 의존한 트로이군을 도저히 격멸할 수 없었다. 이에 그리스 장수 오디세이아는 거대한 목마를 성 앞에 두고 조용히 바다를 건너 철수한 것처럼 적을 속였다.

그리스군은 교묘하게 위장포로 1명도 트로이군에게 넘겼다. 이 포로는 목마는 아테네 신에게 바치기 위한 제물이라고 진술했다. 목마를 불태워 없애자는 주장도 있었지만 트로이군은 승리의 징표로 두기로 했다. 목마는 적진으로 들어갔고 곧 이어 성안은 승리의 대향연이 벌어졌다. 한밤중 조용히 목마에서 나온 그리스군 기습으로 트로이군은 몰살당했다"

이 내용은 그리스의 호로메스가 쓴 영웅 서사시 《일리아스(Ilias)》의 일부이다. 현장에는 수천 년 전의 트로이 성터와 많은 로마유적들이 복원되어 있었다.

성곽 요새속의 제1차 세계대전 기념관

1914년 제1차 세계대전이 시작되자 연합군은 동부전선 러시아군 지원을 위해 다르다넬스 해협과 흑해를 연결하는 해상 보급로 확보가 필요했다. 그러나 이 해협을 통과하여 이스탄불로 진격하려는 연합군계획은 좌절되었다. 결국 1915년 건너편 갈리폴리 반도 상륙작전으로 쌍방 50만 명의 사상자를 내는 피비린내 나는 전투가 1년 동안 계속 되었다.

차낙칼레 요새 안에는 제1차 세계대전기념관이 있다. 성곽 크기는 가로 150m, 세로 100m, 성벽은 8m에 달했다. 성곽내의 육상포대는 연합군 전함의 해협 통과를 필사적으로 저지했다. 대구경 함포들도 대응포격을 했지만 함정피해는 막심했다. 더구나 오스만군은 좁은 해협에 400여 개의 기뢰까지 설치했다. 이 전투의 실패로 연합군은 미처 준비되지 않은 대규모 상륙작전을 펼치면서 더 큰 재앙을 초래하

차나깔레 요새 안의 제1차 세계대전 기념관

고야 말았다. 박물관 성벽에는 100년 전 영국군함 엘리자베스호가 발사한 38cm 대구경 포탄 1발이 아직까지 박혀있어 당시 전투의 치열함을 증언해주고 있었다.

한국어를 배우려는 터키 해군수병

차낙칼레 전쟁기념관의 안내병사 셀렌크(Selenk, 25)는 미국에서 오랫동안 유학생활을 했다. 그가 다녔던 대학에는 유독 한국 학생들이 많았고 한류열풍에 매료되어 한국어 공부까지 열심히 했단다. 약간은 어눌하지만 한국말을 수시로 사용하여 깜짝깜짝 놀라기도 했다. 더구나 발음교정까지 부탁하니 흡사 내가 그 수병을 안

전쟁기념관 터키군 안내수병 셀렌크

내하는 기분이 들었다. 특히 자신의 유학시절 일부 한국 학생들도 군 복무를 위해 귀국하는 것을 보고 진한 동료애를 느끼기도 했단다. 터키 시골 도시에서 이처럼 한국말을 하는 터키군인을 만나면서 "지구촌!"이라는 말이 실감나는 하루였다.

온전히 보존된
갈리폴리반도 전쟁유적

터키정부는 1980년 갈리폴리(Gallipoli)반도 전체를 역사기념공원으로 지정했다. 1915년 4월 25일 새벽, 연합군상륙작전이 시작되면서 쌍방 9개월의 혈전이 계속된 지역이다. 매년 4월이면 터키·영국·호주·뉴질랜드·프랑스 추모객들로 이곳은 북새통을 이룬다.

전쟁역사에 관심이 많은 뉴질랜드 부부

차낙칼레는 전쟁사에 관심이 많은 여행객들이 수시로 몰려든다. 특히 매년 4월 25일 '안자크(Anzac: Australian and New Zealand Army)의 날' 전후에는 몰려드는 단체손님으로 여행사는 홍역을 치른다.

Trip Tips

이 도시의 모든 호텔에서는 관심 있는 전적지를 이야기하면 교통편, 숙식 등을 개인사정에 맞게 답사코스를 정해준다.

1915년 연합군의 갈리폴리 상륙작전 사진

갈리폴리 해안의 연합군추모비(주변에 묘역이 있음)

호텔이 지정해 준 시간에 부두에 나가니 벌써 10여 명의 여행객들이 모여 있었다. 이곳에서 갈리폴리까지는 카페리로 약 50분이 걸린다. 답사팀에 합류한 뉴질랜드인 오멘쉬(Omensh)부부는 참전용사 후손도 아니었다. 단지 휴가기간 중 100여 년 전 선조들이 피를 흘린 현장을 직접 보고 싶어 갈리폴리로 간다고 했다.

준비되지 않은 무모한 연합군 상륙작전

1915년 2월 19일, 영국 해군장관 처칠(Churchill)은 육군 반대를 무릅쓰고 전함 18척으로 구성된 함대에게 이스탄불 진격을 명령했다. 그러나 오스만군은 이미 다르다넬스 해안에 요새건설과 수백 개의 기뢰, 잠수함 침투방지망까지 설치했다. 결국 해군작전의 실패로 영국은 갈리폴리 상륙작전을 계획한다. 이 당시 영국군은 훈련된 병력, 상륙작전 전례분석, 군수지원 등 어느 한 가지 준비된 것이 없었다. 심

전장지역에 아직도 남아있는 교통호 흔적

지어 갈리폴리반도의 군사지도조차 없어 여행 책자를 이용해야하는 실정이었다.

1915년 4월 25일 새벽, 36척 함정에 분승한 상륙부대 제1파 호주·뉴질랜드·인도군 16,000명이 해안에 도착했다. 그러나 산등선의 터키군 8,000명이 내뿜는 화력을 연합군은 고스란히 덮어써야 했다. 안내자는 당시 전장상황이 담긴 흑백사진첩을 수시로 보여준다. 좁은 해안에 빽빽하게 쌓아둔 보급품, 나귀가 후송하는 부상병은 그날의 참상을 생생하게 느끼게 했다.

'외로운 소나무'와 호주 소년병 이야기

연합군이 최초 상륙한 안자크(Anzac)만에는 푸르른 바다를 바라보는 전사자묘비들이 줄지어 있다. 해마다 4월이면 전쟁 관련국 수반들이 모여 추모행사를 가진다고 한다.

다시 버스가 해안도로를 벗어나 산 능선으로 올라가니 '외로운 소나무(Lone Pine)' 전사자묘역이 나타났다. 갈리폴리전투가 한창 치열할

외로운 소나무와 소년병 마틴이 안장된 연합군 묘역

때 황토밭 가운데 유일하게 남아있는 이 소나무는 연합군의 중요한 포병사격 참고점이었다. 나중에 눈치 챈 터키군은 이 나무를 싹둑 잘라 화목으로 쳐 넣었다. 또한 이 묘역에는 애국심으로 충만한 소년병의 애틋한 사연이 사람들의 마음을 아프게 했다.

호주군 제21보병대대 마틴(Martin) 이등병은 나이가 14세에 불과했다. 그는 자신의 나이를 속이고 입대했다. 삶과 죽음이 교차하는 무서운 전쟁터는 이 어린 소년이 적응하기에는 너무나 힘들었다. 마침내 열악한 환경으로 그는 심한 장염에 걸렸으나 군의관에게 가지 않았다. 자신의 나이가 알려질까 두려웠던 것이다. 결국 병세가 악화되어 의무실로 갔으나 목숨을 잃고 말았다."

이 전투에서 터키군도 많은 소년병들이 전사했다고 한다.

적진거리 10m를 두고 벌어진 참호전

반도의 능선에는 포장된 2차선 도로가 길게 뻗어있다. 주변에는 100년 전의 교통호 흔적들이 아직도 남아있다. 이 도로를 사이에 두

연합군 부상자를 안고 적진으로 후송하는 터키군 병사

고 연합군과 터키군은 서로 대치했다. 가장 가까운 거리는 불과 10m! 고개를 들면 그대로 저격당하는 상황이었다. 그러나 한바탕의 격전이 있은 후 짧은 휴전기간 동안 서로 적군부상자를 상대편 진지로 후송해 주기도 했다. 심지어 담배나 초콜릿을 도로 너머 적진지로 던져주기도 했단다. 그래서 이 갈리폴리전투를 '신사의 전쟁(Gentleman War)'이라고 부르기도 한다. 연합군 부상자를 안고 있는 터키군 동상이 이런 분위기를 그대로 전해주고 있었다.

갈리폴리전투의 마지막 생존자 유언

능선의 최정상 전사자 묘역에는 갈리폴리전투 마지막 터키군 생존자 동상이 있다. 1915년 당시 20세였던 그는 발칸전쟁과 갈리폴리전투를 온몸으로 경험했다.

2005년 110세의 나이로 숨을 거둔 그 노병은 후손들에게 "전쟁의 비극이 절대 되풀이 되어서는 안 된다"는 간곡한 유언을 남겼다고 한다. 인류역사는 전쟁이 끝나면 모든 국가가 "두 번 다시 전쟁하지말자!"는 평화협정을 체결하는 부산을 떤다. 그러나 그 문서의 잉크가 마르기도 전에 약속은 헌신짝처럼 버려지고 이 지구상 곳곳에는 전쟁이 반복되곤 했다.

아는 만큼 보인다!

갈리폴리 상륙작전이란?

이 전투는 제1차 세계대전 중인 1915년 4월 25일, 연합군이 오스만제국의 갈리폴리반도에서 벌린 상륙작전이다. 이곳에서 성공적인 방어 작전을 펼친 무스타파 케말 대령은 일약 오스만의 영웅으로 떠올랐다. 결국 1916년 1월 9일, 연합군 철수로 전투는 끝났고 양측 사상자는 약 50만 명에 달했다.

110세로 영면한 마지막 터키군 갈리폴리전투 참전용사

갈리폴리 전쟁기념관 앞의 터키군 전사자 추모동상

레바논
Lebanon

고래싸움에 새우등 터진 레바논내전 역사

15년 내전을 거친 아픈 역사의 레바논

'중동의 파리'로 불리는 레바논 수도 베이루트! 그러나 이곳이 1975년 이후 15년 내전으로 피로 물든 죽음의 도시로 변한 역사를 자세히 아는 사람은 많지 않다. 내전으로 15만 명이 목숨을 잃었고 수많은 레바논인들이 해외로 탈출했다. 현재 레바논은 인구 400만, 국토면적은 10,000 제곱Km로 경기도 정도의 넓이다. 우리에게는 동명부대가 PKO활동 중인 나라로만 막연하게 알려져 있다.그러나 1500만 명 이상의 레바논인들이 해외에서 살고 있다는 것이 그들의 처절했던 역사를 증언한다. 연 개인국민소득은 1만불 내외이며 북동으로는 시리아, 남으로는 이스라엘과 국경을 접하며 서로는 지중해를 끼고 있다.

Trip Tips

시리아 국경지역은 사시사철 만년설을 볼 수 있는 해발 3000m 이상의 험준한 레바논 산맥이다. 대신 서쪽 해안지역은 쪽빛 지중해와 비옥한 농경지를 가졌다. 유럽·중동인들에게 휴양지로 각광받는 이곳은 고대·중세 유적지가 도처에 깔려 있어 관광객들에게는 볼거리도 많다.

주변 국가 난민 인구가 레바논 인구와 비슷

20여년 전 내전종식과 이스라엘과의 수차례 전쟁에도 불구하고 도시복구가 쉽게 이루어질 수 있었던 것도 엄청난 관광수입 덕분이란다. 그러나 현재 레바논 경제상황은 대단히 어렵다. 미국 달러는 1:1500 고정환율을 적용하지만 암시장에서는 1:2100으로 공공연하게 거래된다.

이웃 동네 이스라엘 · 시리아에서 전쟁이 그칠 날이 없다보니 엄청난 난민들이 레바논으로 도망쳐 왔다. 불법체류 중인 난민은 시리아

베이루트 시내 중심부에 내전 당시 파괴된 담벼락

지중해에 연해있는 베이루트 시내 전경

인 200만, 팔레스타인인 100만으로 추산된다. 그러나 정확한 숫자는 아무도 모른다. 추가하여 동남아, 인도, 스리랑카, 아프리카에서 먹고 살고자 이 나라로 건너온 가정부, 노동자 숫자도 엄청나다.

레바논 역사는 BC 3000여년 전 페니키아 왕조에서 시작된다. 유럽언어의 원조인 라틴문자와 알파벳도 이곳에서 시작되었다. 특히 레바논은 아프리카와 유럽을 잇는 통로에 있어 숱한 전쟁이 벌어졌고 점령국 또한 수시로 바뀌었다. 베이루트 인접 바비로서항은 침공군의 중간기착지로 수천년 동안 전략 요충지였다. 이곳에는 4000년 전 성터로부터 로마제국. 십자군전쟁 시 축성한 성채 흔적과 일부 성곽이 그대로 남아 있다.

이집트 · 로마제국 · 십자군 · 오스만터키 · 프랑스 점령 시 현지인들은 감히 고개를 들고 자기 목소리를 낼 수도 없었다. 1940년 제2차 대전 발발 후 단 6주 만에 프랑스는 히틀러에게 전격 항복했다. 독일은 프랑스남부 국토 50%를 VC괴뢰 정부에 넘겼다. 바로 이 정부가 프랑스 식민지 시리아(레바논 포함)를 통치했다. 영 · 호 · 뉴 · 자유프랑스군이 즉각 레바논 남부해안으로 상륙하여 VC 괴뢰정권 통치를 받던 이 지역을 점령했다. 그리고 1943년 레바논이 독립했다.

지중해 해변항구에 남아있는 로마군 성곽 전경

기독교 · 이슬람 종교갈등, 난립한 정파로 정국 불안

오랫동안 유럽문화에 영향을 받은 레바논인들은 대부분 회교도들인 중동국가들 중 유독기독교인 비율(약 30%)이 높았다. 2차 계대전이 끝나고 인접국가 이스라엘에서 1948년 제1차 중동전쟁이 터지면서 약 40만 명의 팔레스타인 난민들이 레바논으로 쏟아져 들어왔다. 이슬람인구가 기독교에 비해 상대적으로 급증했다. 1970년대에는 팔레스타인 극렬무장집단 PLO가 요르단에서 추방되어 레바논으로 건너와 베이루트에 본부를 차렸다. 남의 동네에 들어와 보란듯이 살림을 차린 것이다. 더구나 시리아조차도 PLO제거를 한답시고 레바논을 침

내전 당시 파괴된 건물 뒤편에 신축된 빌딩

그림 내전 당시 무장대원의 사진

공해 왔다. 약소국 레바논은 속수무책이었다. 시리아군은 PKO 명분으로 레바논 일부 영토에 아예 자리깔고 눌러 앉았다.

이런 혼란한 상황에서 그동안 아슬아슬하게 세력균형을 유지하던 기독교민병대와 이슬람 무장세력간 1975년 베이루트에서 결국 충돌했다. 피비린내 나는 살육전은 베이루트에서 전국으로 번져 나갔다. 이 당시 중구난방으로 생긴 무장집단만 50개에 달했다. 자신이 살아남아야 했고 가족을 지키기 위해 스스로 총을 잡을 수밖에 없었다. 졸지에 사이좋게 서로 도우며 다정하게 살아가던 이웃들은 종교적 신념이 다르다는 이유로 철천지 원수로 변했다. 베이루트시는 기독교 · 무슬림 구역으로 쪼개졌고 반복되는 테러 · 시가전으로 핏물이 낭자한 지옥으로 변했다. 지금은 대부분 복구되었지만 간간히 곰보자국처럼 생긴 총탄흔적은 시내 건물에서 아직까지 쉽게 볼 수 있다.

이 내전의 1차적인 책임은 국민화합보다 정략적으로 갈등을 조장한 무능한 레바논 정치가들에게 있다. 민초들의 복리증진을 위한 진정한 "애국심"보다는 오직 정권장악에만 관심을 둔 사악한 정치인들이 결국 내전을 촉발시킨 것이다. 여기에다 주변국의 이권다툼, 강대국의 국익계산 등으로 상황은 복잡하게 꼬일대로 꼬였다. 1990년 이후 내전은 봉합되었지만 레바논인 가슴에는 뼈아픈 상처를 숨기고 있다. 대부분 20여년 전의 내전에 대해 입에 올리기를 꺼려한다.

레바논정부가 통제 못하는 헤즈블라 무장단체

지금은 레바논 정규군보다 막강한 전력을 가진 헤즈블라 무장단체가 버젓이 남부지역에 버티고 있다. 이란으로부터 군시장비 및 장병 급여까지 지원받는 이 무슬림 시아파 집단(레바논인으로 구성)을 보는 국민들의 시각도 다양하다. 이스라엘에 항전하는 애국집단으로부터 이란 용병에 불과하다는 평가로 국민의견은 갈라져 있다. 하지만 국내의 무장집단을 정규군에 통합하지 못하는 허약한 레바논 정치력를 이해하기가 어렵다. 내일은 15년 내전 실상을 가장 치열한 시가전이 벌어졌던 현장을 그대로 보존하면서 당시 역사자료를 전시한다는 개인 박물관으로 가보기로 계획했다.

레바논 내전시 파괴된 건물이 원형 그대로 남아 있다.

처절했던 레바논내전 비극의 그 현장

기념관조차 만들지 않는 너무나 끔찍한 내전

베이루트 시내 중심부에는 앙상한 베란다 골조와 벽면이 시커멓게 그을린 건물들이 가끔 보인다. 그러나 어울리지 않게 이런 건물 근처에는 수십 층 빌딩들이 뒤섞여 있다. 전란을 극복한 오늘날의 베이루트 모습이다.

Trip Tips

현대역사가 일천한 레바논은 국가 발전 과정을 보여주는 국립역사박물관이 없다. 고대유적 박물관직원을 통해 과거 내전참상을 알 수 있는 개인 전시관을 소개받았다.물어물어 찾아간 그 전시관조차도 폐관되었다.

단지 건물 내에 어지럽게 방치된 사진들만 창문 너머로 일부 보였다. 굳게 잠긴 정문을 중심으로 건물을 빙글 돌다보니 뒤편에는 한창 내부수리 중이었다. 염치불구하고 작업인부에게 건물내부 입장을 부탁했다. 3명의 인부들이 승인 여부를 토의하다가 선뜻 젊은 청년이 안내를 자청한다. 온통 페인트가 묻은 작업복 차림의 젊은이는 유창한

개인이 운영했던
내전기념관 입구 전경

영어에 내전 역사에 확실한 의식을 가지고 있다. 내부 공사가 끝나면 이 건물은 전문 대관 전시관으로 활용 예정이란다. 내전자료실이 계속 유지될 것인지는 자신도 모른다고 한다.

치열했던 건물 내부의 생생한 전투 흔적

외관이 거의 파괴된 이 건물은 최초 기독교민병대가 점령했다. 이후 무슬림무장대와 수 차례 주인이 바뀌었다고 한다. 레바논판 '스탈린그라드 도시공방전' 현장이다. 1, 2층을 각각 다른 편이 차지하여 사투를 벌렸던 것 같다. 건물 내부 천정, 계단, 가구에 온통 총탄자국이다. 청년의 말에 의하면 피아 실내 혼전 간 생긴 흔적이란다. 1층 현관 안

전시관 내부에 남아있는 단란했던 레바논인 가족사진

쪽과 2층 내부에는 진입 통로를 가로막는 견고한 방벽이 있다. 급조한 미니 마지노선이다. 그 방벽에는 수개 소의 총안구를 뚫어 두었다.

이곳에서 길 건너편 적을 저격하거나 건물 내부로 뛰어든 상대편에게 기습적인 총격을 가했다고 한다. 반대로 건물 밖에서는 이 방벽 뒤의 인원 살상은 불가했다. 실내 전시관 곳곳에는 다정한 가족사진들이 어지럽게 남아있다. 전쟁보다는 부부간 아웅다웅 자식들에게 쫑쫑거리며 살아가고자 하는 보통사람들의 소박한 꿈을 보여준다. 그러나 안타깝게도 사진 하나하나에는 이 내전에 얽혀있는 비극적인 가족스토리가 있었던 것 같다. 인간의 추악한 탐욕과 욕망은 어디가 끝일까?

사랑을 외치는 종교인도 내전에서는 순식간 야수로

과연 이들이 이웃을 잔혹하게 죽여야 할 정도로 적개심을 가지고 생활했을까? 더구나 자신들이 믿는 기독교 · 무슬림의 핵심교리가 "원수를 사랑하고 가난한 이웃을 도우라!"는 것인데…. 복잡한 생각을 접고 그 청년이 알려준 '평화 기원탑(Hope for peace monument)'으로 발걸음을 옮겼다. 인류기록역사 3,700년 중 전쟁이 없었던 기간은 단지 270년. 총성이 단 하루도 울리지 않은 날은 3주에 불과하다.

너무나 처절한 내전과 전쟁에 시달린 레바논은 국방부 영내에 평화기원탑을 건립해 두고 있단다.

정문에 도착하니 기골이 장대한 산적인상의 부사관 위병조장이 택시기사에게 방문 목적을 우악스럽게 묻는다. 레바논은 군사시설에 대해서는 대단히 민감하다. '쓸데없이 왜 이런 곳으로 왔느냐?'하는 원망의 눈초리로 기사는 필자 얼굴만 쳐다본다. 에라이, 모르겠다. "평화를 사랑하는 사람이 평화탑을 한 번 보고싶다"라고 당당하게 이야기했다. 이

건물 내부전투에 대비해 급히 만든 실내 방벽과 총안구

골조만 앙상하게 남아있는 내전 당시 격전지 현장

런 곳에서 꼬리를 내리면 상대는 더욱 기세가 오른다.

눈알을 부라리던 부사관 시선이 필자의 하얀 머리에 꽂혔다. 일단 테러 용의자는 아닌 듯한 판단을 가진 것 같았다. 한참 아랍어로 운전수에게 이야기하더니 영내 출입을 허락한다. 산적부사관(?)이 소리를 "꽥" 지르니 어디선가 놀란 토끼처럼 병사 한 명이 총을 들고 튀어 나온다. 아직까지는 '우리 한국군도 이처럼 병사들을 완벽히 통제할 수 있는 산적두목형(?)의 유능한 부사관들이 많이 필요한데…'라는 생각이 순간적으로 들었다.

어린 시절 내전을 경험한 택시기사의 슬픈 추억

평화탑은 영내로 들이가 오른편 낮은 동산에 위치했다 필자를 감시하는 그 병사는 부사관 지시대로 지정된 위치에서의 사진촬영을 강조했다. 10여대의 다양한 전차들을 콘크리트 구조물 사이에 끼워넣어

그림 전몰장병 추모기념석과 비각에 새겨진 부대마크

그림 레바논 국방부 영내의 평화기원탑 전경

높은 평화 기원탑을 만들었다. 기념탑 반대편에는 레바논군 부대마크들이 비각에 붙어있고 훈장 형태의 동상도 있다. 아마 전몰장병 추모비 같았다. 사진을 찍으려니 토끼병사는 건너편 군인아파트가 나오면 안 된다며 또 다시 촬영 위치와 방향을 정해준다. 산적두목으로부터 지시 받은대로 정확하게 따르려는 그 병사의 태도가 기특하다.

택시기사 이름은 사담 후세인이었다. 자신은 이라크 독재자와는 친척 관계도 아닌 선량한 사람임을 수차 강조한다. "훗세인 · 김정은"이 잔인한 독재자임은 세계 만민이 아는 듯 했다. 내전 시기의 자신의 어린 시절은 끔찍했단다. 17년 동안 거의 무정부 상태에서 매일같이 총성 · 포성이 오갔다고 한다. 야간에는 깊은 지하실에서 숨죽이고 지냈다고 한다. 특히 자신의 형제와 친척들도 내전 중에 사망한 아픈 기억을 가지고 있었다. 정상적인 학교생활은 불가했고 오로지 하루하루의 생존에 급급해야만 했단다.

1983년 10월 베이루트 공항 폭탄테러 사건으로 미해병 · 프랑스군 305명이 떼죽음을 당했다. 내전 종식 이후에도 반복되는 테러 · 국지전쟁으로 레바논은 국제적으로 위험국가로 인식되었다. 그러나 오늘날 다른 중동국가와는 달리 세속주의를 추구하는 레바논은 돈 많은 부호들의 별장과 고층 고급 호텔들이 해변에 빼곡히 몰려있다. 배가 부르고 살만하면 생존을 위한 선조들의 처절했던 투쟁의 역사에 관심이 없어지기는 레바논이나 한국이나 비슷한 것 같았다.

시리아 난민들의 처참한 하루 일상

레바논산맥을 넘어 시리아 접경 로마 유적지로

레바논지형은 서쪽 지중해와 동쪽 시리아 국경지역이 높은 레바논산맥으로 가로 막혀 양분되어 있다. 사계절 구분이 가능한 레바논은 겨울철 고산지대에 눈도 자주 내린다. 폭설 시에는 동부지역 도로 통행이 수시로 차단된다. 베이루트를 벗어나 30분 이상 자동차는 헉헉거리며 산등성이를 감고 오른다.

마지막 정상을 넘어서면 깊은 계곡이 나타난다. 중동전쟁사에서 자주 언급되는 '베카 계곡'이다. 이 계곡은 남쪽으로 이스라엘 북단과 연결되어 있다. 바로 이곳 상공에서 1982년 6월 9일부터 3일간 제2차 세계대전 이후 최대의 공중전이 벌어졌다. 시리아(미그 21/23/25) · 이스라엘 전투기(F-4/15/16, 미라주) 200여 대가 숨 막히는 공중혈투를 벌였다. 결과는 시리아공군기 86대, 이스라엘 1대 추락비율로 이스라엘군의 압승. 항공전사에 전무후무한 기록이다. 오죽하면 이후 베카계곡을 'Mig 도살장'으로 불렀을까?

현재 북한·한국공군 주력 기종과 거의 유사한 전투기들의 공중전이었다. 보다 세밀하게 연구해 볼 가치가 있는 전쟁사다. 이스라엘 공군박물관에서 옛날 만났던 구소련 Mig-21 조종사 출신 의견. "공중전에서 항공기 성능보다도 조종 사기량이 훨씬 더 중요하다." 그는 계속 "Practice! Practice! Practice!…" 만을 강조했다. 아무리 우수한 장비도 조종간을 잡은 인간의 확고한 소명감과 의지가 없으면 고철에 불과하다.

아무도 반겨주지 않는 시리아 난민

현재 이 계곡에는 수십 만이 수용된 시리아난민 캠프를 UN이 관리하고 있다. 베카계곡을 벗어나니 레바논 안자르(Anjar)를 거쳐 시리아 수도 다마스커스(Damascus)를 연결하는 4차선 도로가 나타났다. 예상 외로 산악지역이 아닌 광활한 평원이다. 흡사 한국의 양구북방 펀

레바논-시리아로 가는 도로옆의 시골도시 전경

레바논 산맥 근처에서는 시리아난민촌을 쉽게 볼 수 있다

난민들은 레바논인 농장의 일을 도우며 생계를 유지한다

치볼과 같은 느낌이다. 사과 · 오렌지 · 포도 · 감자 등 풍부한 농산물이 생산된단다. 운전기사 후세인 말에 의하면 2000년 전 로마가 건설한 도로다. 물론 당시에는 1~2차선 도로였으리라.

Trip Tips

자동차로 15분만 가면 다마스커스가 있다. 국경지역에는 IS(이슬람국가) 극렬무장대원의 레바논 침투를 막기위해 곳곳에 미제 구형장갑차(M113)와 함께 무장군경의 검문소가 설치되어 있다.

작은 이 도시의 현금인출기 앞에 수십 명이 비를 맞으며 줄지어 차례를 기다리고 있었다. 시리아 난민들이란다. 매월 UN구호기구에서 약간의 현금을 지원한다. 쥐꼬리만한 현금이지만 이들에게는 생존이 달려 있단다.

교외로 벗어나니 마을 주변에 허연 비닐막을 둘러친 수많은 텐트촌이 나타났다. 시리아 난민촌이다. 초라한 형색의 아이들이 천막 사이로 오가고 있다. 차마 그들에게 카메라를 들이댈 수가 없었다. 어린애나 어른이나 본능적 감성은 똑같다. 도움의 손길을 내밀지도 못하면서 자신들을 동물원 원숭이 취급을 한다면 그 아이들 마음은 어떨까?

화학탄 공격을 받은 또순이 이야기

13살 시리아 난민소녀 또순이. 그 아이는 한 쪽 눈이 먼 엄마, 어린 여동생 금순이 · 은순이와 함께 3년전 레바논국경을 넘어왔다. 아버지는 수년 전 시리아 아사드 독재정권에 맞선 반정부군에 가담하면서 집을 떠났다. 그 후 아빠가 그토록 바라던 남동생 "똘똘이"가 태어났다. 총 · 포탄이 머리 위를 날아다녔지만 집에 돌아 올 아버지를 생각하면서 고향집 지하실에서 엄마와 4자녀는 버티었다.

그러다가 전혀 예기치 못한 날벼락이 떨어졌다. 잔인한 아사드정부군의 기습적인 화학무기(염소가스) 공격이 있었다. 공기보다 무거운 독가스가 순식간 또순이네 지하실을 덮쳤다. 목구멍 살갗을 벗겨내는 듯한 고통과 눈을 뜰 수 없는 상황이었다. 또순이는 본능적으로 젖은 수건으로 동생들의 얼굴을 틀어막고 밖으로 뛰쳐나왔다. 그러나 잠자던 어린 남동생 똘똘이는 결국 엄마 품안에서 숨을 거두었다. 이때 엄마는 한 쪽 시력을 잃고 말았다.

사고무친의 또순이네 레바논 더부살이는 처참했다 봄 · 가을에는 근처 농장에서 허드렛일을 하며 겨우 밥을 얻어먹었다. 장애를 가진 엄마는 그 일조차도 얻기 힘들다. 일이 없는 겨울에는 또순이가 근처 식당을 돌며 손님들에게 구걸해야만 한다. 가끔씩은 동생 금순이가 따라나서기도 한다. 그나마 UN관할 난민캠프는 형편이 조금 낫단다. 하지만 언젠가 돌아 올 아빠를 생각하면서 엄마는 고향 가까운 이곳에서 떠나기를 한사코 거부한다. 이 이야기는 후세인이 들려준 어느 난민 사연을 필자가 각색하였다

시리아를 갈갈이 찢은 10년간의 내전

2011년 3월에 시작된 시리아내전으로 365,000명(2018.9월 기준)이 사망했다. 시리아 인구 2100만 중 1,200만 명이 전란을 피해 국외로 탈출했다. 국가가 해체되었다고 해도 과언이 아니다. 정부군 · 반정부군을 지원하는 러시아 · 미국 그리고 주변국 이해관계는 실타래처럼 꼬여있다. 가스관연결 · 석유자원 · 종파다툼의 이유로 해결 전망이 보이지 않는다. 오늘도 비를 맞으며 식당 창문을 두드리는 또순이가 하루 빨리 아빠를 만나 고향으로 돌아가기를 간절하게 기대할 뿐이다.

열악한 임시 텐트에서 난민들은 온가족이 함께 생활한다

2000년전의 로마길을 확장한 시리아 다마스커스행 도로

클레오파트라의 최후!
독사가 정말 그녀를 물어 뜯었을까?

로마제국 최고의 문화유산 바알벡 신전

자동차는 시리아 국경 근처 길을 쉼 없이 달린다. 주변은 산이 없는 평원지대다. 전쟁, 난민, 가난의 이미지가 먼저 떠오르는 레바논 · 시리아 접경지역은 의외로 평화롭다. 로마 · 오스만터키제국이 1,000여 년 이상 지배한 이곳에는 로마 · 이슬람유적들이 뒤섞여 있다. 레바논 동부의 작은 도시 바알벡(Baalbeck)에는 2000년 전 건축물이라고는 믿기 어려울 정도의 불가사의한 대규모의 로마신전이 있다. 일부 아치형 건축물은 석재의 상호버팀중력을 계산하여 떨어지지 않도록 설계되었다.

5번에 걸친 대지진에도 굳건하게 버틸 정도로 로마 건축기술은 뛰어났다. 건물기초석과 지붕석재 1개의 무게가 최대 800톤에서 수백톤에 이른다. 특히 기초석은 수천 Km 떨어진 이집트 나일강 상류 아스완에서 운반해 왔단다. 이 무거운 돌을 선박에 옮겨 싣고 강하류로 내려와 지중해를 건너 레바논 해안에 하역했다. 육로운반은 동쪽의 높은 산맥통과가 불가하여 터키로 우회하여 이곳까지 가져왔다. 수백 톤 무게의 돌덩이를 한 두 개도 아닌 수백 개를 극히 원시적 방법으로 운반했던 것이다. 수십 m 높이의 건축물 상단부에 인력 · 동물의 힘으로 무거운 석재를 올렸다.

공사는 수십 년 아니 수백 년이 걸렸을 것 같다. 동원된 작업 인부는 전쟁포로 · 노예 · 현지 주민들이다. 로마시대 당시 전투함 하층부 노꾼은 거의 전쟁포로였다. 쇠사슬에 발목이 묶여 평생을 배 밑바닥에서 살아야했던 이들의 평균 생존기간은 2년. 영화 "벤허" 주인공의 노꾼생활을 보면 쉽게 상상할 수 있다. 이와 비슷하게 신전 공사 동원 인부들의 인생 역시 이런 노역만 하다가 돌에 깔리거나 높은 천정에서 떨어져 죽었을 것이다. 로마인들은 정복지 곳곳에 이런 신전을 건축하여 신들에게 제사를 지냈다. 또한 건축물에는 당시 주요 사건 기록이나 역사 관련 조각 그림을 남겼다.

과연 독사가 클레오파트라 가슴을 물었을까?

이 신전건물 벽면에는 의외로 클레오파트라 최후의 장면을 묘사한 조각물이 있었다. 클레오파트라 7세는 그녀의 아름다움과 지성으로 이집트역사의 가장 매혹적인 한 페이지를 장식했다. 최후의 순간 살아서 로마의 노예가 되는 것을 거부하고 스스로 독사를 껴안고 자결한 것으로도 유명하다. 기원전 70년 클레오파트라는 프톨레마이오스 왕조 공주로 알렉산드리아에서 태어났다. 이복 남동생과 결혼하여 공동왕위에 올랐으나 남편과의 갈등은 심각했다. 권력은 부모 · 자식도 나눌 수 없을 뿐 아니라 부부간에도 공유할 수 없었다.

이런 상황에서 로마 영웅 카이사르가 이집트로 건너왔다. 매혹적인

레바논-시리아 접경지역의 로마문화유적 바알벡 신전

클레오파트라를 본 이 영웅은 "왔노라, 보았노라, 그녀를 정복했노라(?)"라는 유명한 말을 남기고 두 사람은 사랑에 빠졌다. 대신 그는 클레오파트라의 정적들을 깨끗이 제거해 주었다. 밀회에 빠져 꿈같은 시간을 보내다가 클레오파트라는 카이사르를 따라 로마로 건너간다. 그러나 그곳에는 도끼눈으로 그녀를 노려보는 카이사르 정부인이 버티고 있었다.

그 후 갑자기 카이사르가 암살당하자 결국 클레오파트라는 초라한 보따리를 움켜 안고 소박맞은 아낙네처럼 쫓겨나 이집트로 돌아왔다. 국제 정치 상황은 또다시 변하여 로마의 실력자 옥타비아누스와 안토니우스 간 권력투쟁이 벌어졌다. 안토니우스가 이집트 여왕에게 자금과 군수품 지원을 요청하면서 두 사람 사이 사랑의 불꽃이 순식간 점화됐다. 클레오파트라는 안토니우스의 사랑을 차지하면서 자신의 왕위와 이집트 독립을 지켜냈다.

그러나 안토니우스의 전쟁 패배와 자결로 클레오파트라는 불행하게도 낙동강 오리알 처지에 또 놓였다. 자신과 이집트를 살리기 위해 최후수단으로 옥타비아누스에게 유혹의 손길을 내밀었지만 그 남자는 의외로 로마판 돌부처였다. 클레오파트라 체포를 위해 로마군사들이 궁전으로 들어 닥쳤다. 그러나 그녀는 "나일 강에 버려져 구더기가 내 몸을 파먹을지언정 절대 옥타비아누스 전리품은 되지 않겠다"며 방안에 독사를 풀어 물려 죽었다. 이후 이집트는 로

바알벡 신전에 조각되어 있는 클레오파트라의 최후

수차례 지진에도 로마건축물은 무너지지 않았다

마의 직접통치로 국민들은 가혹한 수탈에 수백 년 동안 시달리게 된다.

자신을 위협하지 않으면 독사는 물지 않는다

과연 클레오파트라가 방안에 풀어놓은 독사에 물려 죽었다는 것이 사실일까? 오래전 필자는 감악산 골짜기에서 훈련하는 동안 개인천막을 치고 숙영한 적이 있었다. 아침에 일어나 침낭 정리 중 독사 3마리가 천막 안에서 발견되었다. "뱀! 뱀이다~아~앗"이라는 다급한 비명에 독사들도 놀라 도망갔다. 용감무쌍한 병사들의 추격으로 1마리 생포, 2마리는 놓치고 말았다. 체포된 한 마리는 곧바로 화형에 처해져 용사들의 좋은 보양식으로 변했다.

뱀의 출몰 위치는 침낭 어깨부위였지만 취침간 나의 목을 깨물지 않았다. 뱀은 직접 자극하지 않으면 먼저 와서 공격하지 않는 것 같았다. 사실 야외숙영 간 뱀 발견은 흔한 일이지만 실제 물리는 경우는 드물다. 그 사건 이후 클레오파트라가 독사에 물려죽었다는 것이 잘 이해되지 않았다. 아마 역사적 인물의 존재감을 후세가 생생하게 기억하도록 의도적으로 과장한 표현이라고 생각했다.

그러나 바알벡 로마신전의 벽화기록은 클레오파트라 최후의 순간을 적나라하게 보여준다. 그녀의 상반신이 노출된 반라의 자세로 직접 독사를 쥐

세계문화유산 바알벡 신전에 남아있는 무수한 총탄자국

수백톤의 석조물을 기둥위에 올린 로마인 건축기술

바알벡 신전 내부의 고대유물 전시실 전경

고 자신의 목을 물게 하는 모습의 조각이다. 한 시대의 영웅들을 휘어잡았던 독한 여걸의 무서운 의지가 그대로 표출되어 있다. 이 최후의 순간을 위해 발정기의 숫독사를 구하느라 시녀들도 고생했을 것이다. 이것은 필자 생각이다.

전쟁터의 세계문화유산은 큰 의미가 없었다

그런데 의외로 인류의 소중한 문화유산이자 유네스코 등록 유적인 신전 돌기둥에는 무수한 총탄자국이 파여져 있다. 1975년 레비논군과 팔레스타인 무장단체와의 치열했던 교전흔적이란다. 심지어 2006년에는 이스라엘 공군기들이 헤즈블라 소탕을 위해 이곳을 무차별 폭격했다. 자신들의 생존이 위협당하면 인류 최고의 문화재도 의미가 없음을 솔직하게 보여주는 현장이었다.

태평양

Pacific Ocean

마리아나 제도
Mariana Islands

관광 명소 괌의 전쟁역사

괌은 마리아나 제도에서 가장 큰 면적을 가진 섬이다. 이곳은 태평양지역에서 미국의 가장 중요한 전략기지이며 섬의 30%가 미 해 · 공군기지로 사용되고 있다. 한반도의 위기 고조시 자주 언론에 보도되는 이 섬에도 곳곳에 전쟁의 흔적이 남아있었다.

관광명소 뒷그늘에 숨어있는 전쟁역사

빼어난 자연 경관, 고급리조트, 신혼여행 추천지로도 유명한 세계적인 관광지 괌(Gaum)! 길이 48Km, 폭 6-14Km의 남북으로 길쭉한 형태의 섬이다. 수도는 하가나(Hagana)이며 총면적이 549Km^{2}로 우리나라 거제도와 비슷하다. 그러나 이런 이국적인 풍광 이면에는 잘 알려지지 않은 강대국들의 냉혹한 약육강식의 투쟁역사가 숨어 있다.

1521년 스페인 탐험가 마젤란(Magellan)이 세계일주 항해를 하다가 최초로 마리아나제도를 발견했다. 원주민 차모르(Chamorro)족은 외부 침입자들과 싸웠지만 결국 스페인의 지배를 받는다. 그러나 마리

괌 해변관광지(아름다운 풍광과 맑은 바닷물이 특징)

마젤란 곶 부근의 16세기 스페인군 포대

아나 제도 중 괌은 1898년 미 · 스페인 전쟁에서 승전의 대가로 또다시 미국이 차지했다. 그 후 1899년 독일은 괌을 제외한 마리아나제도를 구입했으나, 제1차 세계대전에서 패하자 이 지역의 영유권을 일본에게 빼앗겼다. 세계대전 승전국 반열에 오른 일본은 이 섬(남양군도)들을 차지하면서 태평양에서 엄청난 영역 확장을 이루게 된다.

전쟁 발발과 동시 일본군 괌 전격점령

1941년 12월 10일 새벽 4시! 일본군 5,500명은 기습적으로 괌에 상륙했다. 당시 이 섬의 미군은 소총 · 기관총으로 무장한 해군 · 해병 424명, 현지인 병력 308명 뿐. 야포라고는 해군 소해정 팽귄(Penguin)호의 3인치 대공포 2문이 전부였다. 일본군은 상륙과 동시에 하가나시 중심부 스페인광장을 포위했다. 미군들은 필사적으로 저항했으나 근처의 미 해군병원, 함정수리창이 점령 당하자 해군사령관 맥밀린(McMillin) 대령은 오전 6시에 항복을 선언했다. 상륙 2시간 만에 일본군은 전격적으로 미국령 괌을 점령했던 것이다.

하가나시 해안의 역사기념공원 전시관은 전쟁 당시의 상황을 이렇게 전하고 있다.

괌을 점령한 일본군은 우선적으로 현지인들의 미국 라디오 청취를 금하면서 군사시설 건설에 강제 동원했다. 또한 700여명의 주민을 학살하며 극도의 공포분위기를 조성하였다. 이때 미 해군 무전병 트위드(Tweed)는 무전기와 타자기를 가지고 정글 속으로 숨어들었다. 그는 미국방송을 청취하며 무려 2년 6개월 동안 전황을 주민들에게 전했다. 물론 현지인들은 이 미군을 철저하게 보호해 주었다. 트위드는 1944년 7월 10일, 해안에 나타난 미국 구축함에 거울과 수신호 깃발을 이용하여 극적으로 구조되었다.

남양군도에서 자행된 일본군들의 현지인과 미군포로에 대한 만행도 전시관 사진과 기록물 곳곳에 수록되어 있었다.

산재한 스페인 유적과 일본군 군사시설

괌은 자동차로 한나절이면 다 돌아 볼 수 있는 작은 섬이다. 시내 중심부에 한인 교포들이 운용하는 택시들도 눈에 많이 띄었다. 친절한 교민기사 덕분에 스페인 유적과 태평양전쟁 흔적들을 구석구석 돌아볼 수 있었다. 해안도로를 따라 한참을 달리니 마젤란이 최초로 상륙한 마젤란 곶(Magellan Cape)이 나타났다. 16세기 세계 강대국이었던 스페인은 멕시코와 필리핀에서 엄청난 자원을 수탈하여 본국으로 보냈다. 중간 항로에 위치한 마젤란 곶은 중요한 포구로 변했다. 스페인은 해적들로 부터의 선박 보호와 안전한 재정비를 위해 맞은 편 높은 언덕에 포대를 설치했다. 지금도 500여 년 전의 스페인 화포와 병영막사는 말없이 해안을 내려다보고 있다.

다시 시내 중앙공원으로 발길을 돌리니 구 일본군 지하사령부가 문

원주민 유적지 내의 일본군사령부 지하벙커 입구

화유적지 내에 웅크리고 있었다. 주변에는 원주민들의 전통 건축양식인 라떼 스톤(Late Stone) 유적들이 밀집되어 있다. 그러나 전쟁에만 관심이 있었던 당시 일본은 이런 문화재는 안중에도 없었다. 오늘날 괌 행정 관청 역시 구 일본군 지하요새에 대해 크게 신경 쓰지 않는 듯 했다. 내부 벽면에는 어지럽게 낙서가 있었고 군데군데 쓰레기도 버려져 있다.

미국 역사기념공원과 한국인의 흔적

괌의 주요 도로, 공원, 언덕은 태평양전쟁 영웅이나 전사자 이름을 붙여 그들의 희생을 후세가 기억토록하고 있다. 또한 역사기념공원에는 태평양 전쟁사를 한눈에 알아 볼 수 있는 박물관이 있었다. 이곳에서 학예사로 오랫동안 근무한 스미드(Smith)씨는 수장고를 꽉 채운 전쟁유물과 일본군 노획문서 내용을 소상히 알고 있었다. 그러나 문서상의 인명 대부분이 일본식 이름으로 표기되어 한국인 관련 자료를 찾는 데는 많은 어려움이 있다고 하였다.

아는 만큼 보인다!

일제 강점기 시 한국인의 창씨개명

창씨개명이란 1940년대 일본이 강제적으로 한국인에게 일본식으로 성(姓)과 이름을 바꾸게 한 정책이다. 일본은 창씨개명으로 한국의 전통적인 가족제도를 해체하고 민족정신 말살을 시도했다. 결국 일본식 이름표기로 태평양전쟁 이후 한국인 강제징용자 실상 파악에도 많은 어려움을 겪게 되었다.

28년간 투항을 거부한 패잔병 요코이

괌의 태평양전쟁 역사기념공원은 시내와는 다소 떨어진 한적한 해변에 있다. 전쟁 당시 이 해안의 쪽빛 바다는 피로 물들었다. 오늘날 그 전쟁터에서 목숨을 걸었던 어린 병사들이 어느덧 80대 노인이 되어 이 현장을 찾고 있었다.

과거 상륙작전 해안현장을 찾은 참전용사와 가족들

쪽빛 바다를 피로 물들인 괌 탈환전투

1944년 7월 21일 오전 5시 30분! 괌 앞바다의 미군 함정들이 해병대 상륙 전 마지막 함포사격을 퍼부었다. 3시간의 포격에 이어 함재기들이 일본군 진지를 강타했다. 이어서 미 제3 해병사단과 제1 해병여단의 본격적인 상륙이 있었다. 병사들은 해군 UDT 대원들이 기뢰를 제거 뒤 '환영, 해병대!'라고 쓴 작은 간판을 볼 수 있었다.

그러나 이들을 맞이한 것은 일본군 37 · 75mm 해안포와 기관총 불세례였다. 콘크리트 두께 1m 이상의 토치카는 직격탄을 맞고도 건재했다. 특히 일본군 동굴포병은 상륙병력에게는 치명적인 위협이었다. 일본군 수비 병력은 18,500여 명에 달했고 미군은 7,800명의 전사 · 부상자가 발생했다. 특히 사상자의 86%는 해병대원이었다. 제2차 세계대전 당시 미 해병대 병력은 약 48만 명. 태평양지역 전투는 대부분 이들이 담당했다. 따라서 오늘날 괌 · 사이판에서의 전쟁기념 행사는 당연히 미 해병참전전우회가 주관하고 있다.

미군의 괌 상륙작전을 묘사한 그림

미국 참전용사들의 격전지 방문 행렬

괌의 역사기념공원은 80대 참전용사들이 가족단위, 혹은 단체 여행으로 수시로 방문한다. 곳곳에 남아 있는 일본군 해안포, 벙커, 상륙장애물과 당시의 전장 사진은 그 날의 참상을 생생하게 전하고 있다.

기념공원에서 만난 여행사 사장 존(John, 미 예비역 육군대위)은 헬리콥터 조종사 출신으로 베트남전에서 한국군을 교육시키기도 했다. 그의 회사는 주로 태평양전쟁 참전용사들의 괌 · 사이판 · 이오지마 전적지 방문을 주선하고 있다. 그러나 그는 "이제 태평양전쟁 참전용사들을 만나기도 힘들다. 전쟁사에 관심이 많아 이 분들을 모시고 수시로 과거의 전쟁터에 왔다. 이제부터는 장거리 여행이 어려운 노병들 대신 신세대 학생들에게 전쟁역사 현장교육을 시키려고 노력하고 있다."라고 했다.

28년 만에 발견된 밀림속의 일본군

괌 남부 밀림지대의 탈라포포 폭포공원(Talofofo Falls Park)! 1972년 4월, 바로 이곳에서 세상을 깜짝 놀라게 희귀한 사건이 일어났다. 1944년 8월, 괌이 미군에게 점령되자 밀림으로 도주했던 일본군 패잔병 '요꼬이 상병'이 28년 만에 발견된 것이다.

당시 언론보도에 의하면 "괌 전투가 끝난 후 탈로포포 강 폭포 옆에 일본군 패잔병 10명이 은거했다. 1945년 8월, 전쟁은 끝났지만 이들은 이 사실을 모르고 오랫동안 함께 생활했다. 세월이 흐르면서 대부분 영양실조와 질병으로 죽고 3명은 18년을 밀림에서 버티었다. 또다시 2명의 병사가 죽자 요꼬이는 생선, 새우를 잡아먹으며 토굴에서 무려 10년을 더 살았다. 결국 그는 우연히 현지 주민들에게 발견되어 사로 잡혔다. 그의 군복은 낡아 없어지고 머리는 허리를 덮고 있었다.

요꼬이 은거지역(좌)과 토굴 모형(우)

요꼬이를 처음 본 주민들도 괴상한 정글의 짐승으로 알았다."라고 했다. 그는 일본으로 귀환하여 영웅대접을 받다가 1997년 82세로 세상을 떠났다. 그 병사가 28년 동안 살아왔던 토굴은 관광명소로 변했다. 하지만 일본군국주의의 세뇌교육이 얼마나 악독했는지를 알려주는 역사의 현장이기도 했다.

박물관 수장고를 꽉 채운 태평양전쟁 유물

전쟁박물관의 스미드(Smith)씨는 수장고 캐비닛 하나하나를 열어가며 참전용사들에게 전쟁유물을 일일이 설명해 주었다. 70여 년 전 목숨을 걸고 일본군과 싸웠던 선배들에 대한 특별한 예우라고 한다. 대부분의 소장품은 하얀 문종이나 깨끗한 비닐로 포장되어 있었다. 전쟁 당시의 군복, 소형 무기, 신발류, 개인서신, 작전문서 등 다양한 유물들이 산더미같이 쌓여 있었다. 일본 아녀자들이 출정군인들을 위해

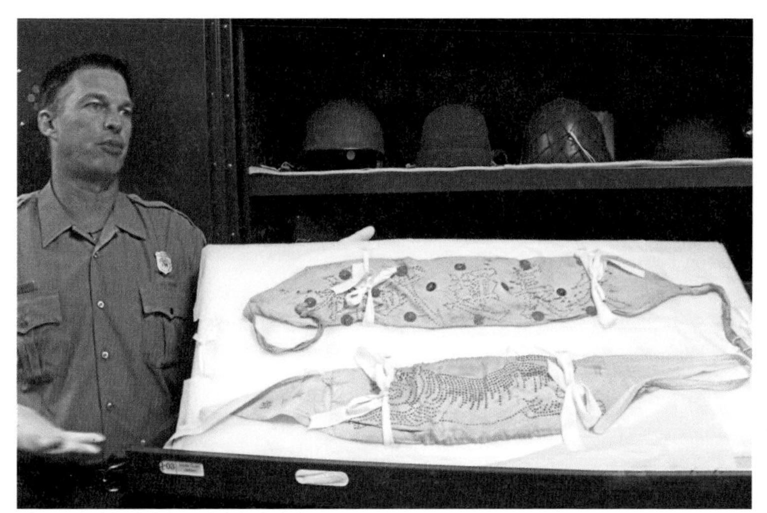

일본군 부적을 설명하는 기념관 학예사

만든 호랑이그림의 수예품과 부적까지 있다. 이런 상징물은 총탄을 피하게 한다는 미신이 당시 일본군들에게 유행했다고 한다.

또한 1945년 2월, 양측 49,000여 명의 사상자가 발생했던 유황도(이오지마) 전투자료도 이 박물관에 수북이 쌓여 있다. 이 섬은 미군이 점령했다가 1968년 일본정부에 반환했다. 현재 약 400여 명의 일본 해상 자위대원들이 그곳에 주둔하고 있다. 추정컨대 많은 한국인들도 일본군 군복을 입고 이런 전투 와중에서 목숨을 잃었을 것이다. 그러나 괌의 어느 곳에도 전쟁 중 한국인의 흔적을 찾아 볼 수 있는 곳은 없었다.

아는 만큼 보인다!

한국인의 일본군지원병 실상은?

1937년 7월, 중일전쟁이 일어나자 일본은 병력부족 문제해결을 위해 한국인들을 징병하기 시작했다. 이 제도는 최초 지원병 형식을 취했으나 실상은 '강압'이나 '회유'로 강제로 한국 청년들을 입대시켰다. 즉 육군특별지원병, 학도지원병, 육군징병, 해군특별지원병 등으로 일본군에 종군한 한국인은 약 21만 명에 달했다(출처: 일제 강제동원 Q&A, 제1권).

전장터에서 만난 미국 청소년들

괌에서 해마다 열리는 미국 태평양전쟁 전적지답사 행사! 참전용사, JROTC(고교 학군단)후보생, 미 해병유년대 청소년들의 참석으로 행사장 열기는 뜨거웠다. 과거 전쟁교훈을 통해 후세에게 애국심과 상무정신을 고양시키려는 미국인들의 열정이 한껏 느껴졌다.

마리아나제도의 일본군 최후전투

1944년 8월 10일, 미 상륙군단장 게이거(Geiger) 해병소장은 괌을 완전히 점령하였다고 발표했다. 바로 이 시간 일본군 제31군 사령관 오바다 중장은 대본영에 '괌 방위는 이제 희망이 없음. 내일 미군진지에 돌격 예정임'이라는 최후 전문을 보냈다. 그러나 그는 8월 11일 미군 정찰대에 의해 사살되면서 일본군은 괌에서 소멸되었다. 괌 전투에서 미군은 2,124명이 전사했고 5,676명이 부상을 입었다. 일본군은 18,500명이 전사했거나 포로로 잡히면서 사이판 · 티니언 · 괌의 전투는 끝났다.

한인 운전기사 K씨와 같이 괌 북쪽 밀림속의 일본군 최후 지휘소를 찾아갔다. 작은 숲 속 길을 따라 들어가니 곳곳에 폐기된 동굴 입구들이 보였다. 그곳에는 일본군 오바다 장군의 최후를 기록한 표지판만 외롭게 서 있다. 또한 동굴진지 언덕 위의 전몰자 추모공원에는 애써 그날의 비극을 잊고 싶은 듯이 일장기만 쓸쓸하게 휘날리고 있었다.

미 해병대 수난의 섬 이오지마(유황도)

괌 전쟁박물관에는 태평양전쟁 중 미 해병대가 가장 큰 피해를 입었던 이오지마전투 전시물들이 많았다. 현재 이 섬에는 일본 해상자위대가 주둔하며 일반인 방문은 제한된다. 마리아나제도와 일본본토 사이에 위치한 이오지마(Iwo Jima, 유황도)는 백령도의 절반 크

유황도 전경(현재 일본 해상 · 항공자위대가 주둔함)

기(19Km²)에 불과하다. 사이판 북쪽 1,150Km, 일본 남쪽 1080Km 사이의 이곳은 당시 미 · 일본군 모두에게 중요한 전략적 요충지였다.

1945년 2월 16일, 미 해병 제 3 · 4 · 5사단 병력 약 7만 명이 상륙하면서 시작된 이오지마 전투는 3월 26일까지 계속 되었다. 그 결과 일본군은 수비 병력의 96%인 20,129명이 전사했고, 미 해병대는 6,821명의 전사자와 21,865명의 부상자가 발생했다. 이 전투의 처절함을 참전자들은 이렇게 증언했다. "우리 중대는 100m를 전진하는데 94명이 전사했다. 일본군 참호선에 도달해서는 피아가 뒤섞인 백병전이 벌어졌다. 교통호에서 가장 유용한 전투장비는 야전삽이었다. 즐비하게 널려져 있는 시체를 불도저가 밀어붙이고 전진하는 수밖에 없었다." 결국 이런 악전고투를 극복하고 미 해병대는 3월 23일 이오지마 수리바치산 정상에 성조기를 게양할 수 있었다.

미 청소년들의 태평양전쟁 전적지 답사

'전적지 현장답사 여행'에 미 본토에서 온 많은 해병유년대(Young Marine System) 대원들이 참가하였다. 이들은 괌 전적지를 돌아 본 후 참전용사들과 이오지마 현지에도 간다. 학생들의 수업결손은 학교에서 사회봉사 시간으로 정리하고 여행경비 전액을 미 정부가 지원한다고 했다. 전국 학교에 조직되어 있는 해병유년대원(만 8세부터 입단 가능)은 약 5만 명. 이들은 매주 2시간의 군사교육을 받고 방학 때 단체훈련과 전적지 답사로 심신을 단련하며, 졸업 후 군복무 의무는 없다.

미해병유년대원(좌)과 괌 고교 해군JROTC 후보생(우)

행사기간 중 "참전용사 격려만찬" 시간에는 괌 고등학교 해군 JROTC 후보생 기수단이 등장했다. 현역 해군장병들의 행사수준과 별반 다르지 않다. 미국 대학 ROTC에 입단하려면 고교시절부터 JROTC를 거친 학생에게 우선권이 주어진다. 초등학교 때부터 국방문제에 관심을 갖도록 유도하여 우수 인재를 군 간부로 영입하려는 미국의 체계적인 국방 인력정책이 부럽게만 느껴졌다.

국제공항 청사의 전사자 영정사진

괌 국제공항 터미널 청사에는 10여명의 미군 전몰장병 영정사진이 여행객들이 잘 볼 수 있는 벽면에 붙어 있다. 아프간·이라크전에서 희생된 마리아나제도 출신 군인들이다. 사진 하단에는 전사자 추모 문구가 큼직하게 적혀 있다. 국가적 차원에서 처절했던 과거와 현재의 전쟁역사를 두고두고 후세들에게 전하고자 하는 미국의 전통. 그리고

괌 국제공항 청사내의 이라크 · 아프간 전사자 사진

조국을 위해 목숨을 바친 군인들을 가장 존경받는 인물로 신세대에게 교육하면서 미국은 국가 정체성을 확립하고 있었다.

아는 만큼 보인다!

이오지마전투와 한국인 강제징용자

1943년 3월부터 이오지마에는 구리바야시 중장 지휘 하에 22,500여명의 일본군과 강제 징용자들은 지하요새 진지를 구축했다. 당시 수백 명의 한국인 징용자들도 진지작업에 동원되었으나 생존자는 거의 알려지지 않았다. 특히 이 섬은 유황가스 때문에 방독면을 쓰고 참호를 파야만 했고, 가스와 더위로 지하작업장에서 탈진하여 목숨을 잃는 경우도 많았다. 이오지마전투가 끝난 후 일본군 포로들 중에 일부 한국인 징용자들도 포함되어 있었다고 한다.

사이판 한국인 추모비와 망국인 서러움

한반도에서 남쪽으로 약 3000Km 떨어진 사이판! 초록빛 바다, 새하얀 모래, 원시림의 아름다움을 간직한 이 섬에는 아직도 곳곳에 태평양전쟁의 상흔이 남아있다.

▶마리아나 역사와 망국노(亡國奴)의 서러움

마리아나제도는 스페인 탐험가 마젤란이 1521년 세계일주 항해를 하다가 처음 발견했다. 괌(Guam), 사이판(Saipan), 티니언(Tinian) 등 15개의 섬들이 늘어선 이곳을 스페인 왕비 마리아 안나(Maria Anna)의 이름을 붙였다. 마리아나제도에서 가장 큰 섬인 괌은 19세기 미국과 스페인 전쟁 결과 미국영토가 되었다.

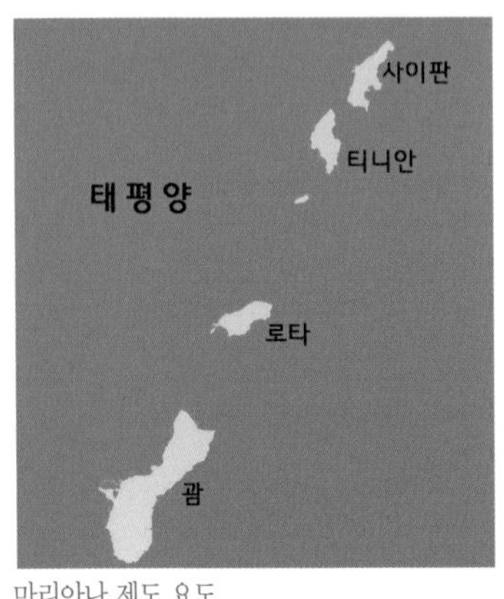

마리아나 제도 요도

사이판 만세절벽

그 후 마리아나 섬들을 독일이 사들였으나, 제1차 세계대전이 끝난 후 승전국이라는 명분으로 일본이 이 지역을 차지했다. 일본정부는 '남양청'을 만들어 민간인들을 대거 이주시켰고 미래 전쟁에 대비하여 각종 군사시설을 설치했다. 1941년 태평양전쟁이 일어나자 일본은 미국영토인 괌을 기습 공격하여 쉽게 점령한다. 이때부터 약 4년간 이 섬들은 피비린내 나는 전쟁터로 변했다. 그리고 나라 없는 서러움을 안은 한민족은 이곳 남양군도(마리아나제도)로 끌려와 일본군 총알받이로 내몰렸다.

한국인 위령탑과 고향을 못 잊는 영혼들

사이판은 남북 길이가 20Km, 동서 폭은 2~10Km인 제주도 1/10크기의 작은 섬이다. 이곳에서 가장 큰 도시인 가라판(Garapan)에서 자동차로 10분 거리에 있는 한국인 희생자 추모공원! 강제징용이나 위안부로 끌려와 숨진 많은 한국인들의 혼령을 위로하기 위해 세워졌다. 서울을 바라보고 있다는 추모탑 꼭대기의 비둘기 부리. 구천을 떠도는 영혼이나마 꼭 다시 고향으로 가고 싶다는 형상을 의미한단다.

"남의 것 빼앗은 적 없는 어진 민족의 영혼들! 원치 않는 전쟁에 떠밀려 돌아오지 못할 땅에 뿌려지다. 응어리진 한은 켜켜히 산호로 쌓이고 서러운 순백 포말로 남았다. 칠천 오백 리 어머니 땅에서 온 후예들이 작은 정성을 모아 이 돌을 세웠다."라는 기념탑 추모시는 여행객들의 가슴을 아프게 만들었다.

1947년 일본 대장성 문서에는

태평양전쟁 당시 일본군 소속 한국인은 363,500명, 해외징용자 1,390,000명, 국내 강제근로동원인력이 약 600만 명에 달한다.

당시 대부분의 한국인들은 매일같이 강제노동에 시달렸던 것이다.

사이판 한국인 추모비

태평양전쟁과 사이판의 전략적 가치

전쟁 후반기인 1944년 6월 15일부터 7월 16일까지 이 작은 섬을 두고 미군과 일본군 20만 명이 격돌했다. 미군은 일본 본토 점령을 위한 중간기지로 반드시 사이판을 점령해야만 했다. 일본군은 동남아 지역 절대 국방권의 선단이 바로 마리아나 제도였다.

미군은 이런 전략요충지 확보를 위해 병력 11만 명, 함정 800척, 항공기 1,000대를 투입했다. 당시 미군 B-29폭격기 항속거리는 5,600Km, 사이판에서 도쿄까지는 불과 2,400Km. 이 섬에서 출격하면 일본 본토를 폭격하고 여유 있게 돌아 올 수 있었다. 이에 일본군은 약 10만 명의 병력을 마리아나 제도에 배치하고 견고한 요새를 구축했다. 이런 진지공사는 빠짐없이 강제징용 한국인들이 동원됐다.

일본군 최후 사령부와 만세절벽

한국인 위령탑 부근에는 사이판전투 당시의 일본군 사령부가 있다. 해안가 절벽의 자연동굴과 콘크리트진지를 활용한 견고한 요새다. 지휘소내부는 상당히 넓었지만 미군포격으로 50cm 두께의 진지 옆구

사이판의 일본군 최후사령부

일본인 추모비 뒷면(하얀 색깔이 껌딱지 표시임)

리가 뺑 뚫려 있다. 특히 이곳은 일본군사령관 사이또 중장이 자결한 곳이기도 하다. 요새지 뒷산에는 한국인 위안부 감금시설이 있었지만 현재 입산로는 폐쇄되어 있다.

일본군의 악행은 여기서 끝나지 않았다. 사령부 앞 해안의 80m 높이 만세절벽(Banzai Cliff)은 만여 명의 일본군과 민간인들이 바다로 몸을 던진 곳이다. 일부 원주민과 한국인들도 발목에 줄이 묶인 채 강제로 자결을 강요당했다. 군국주의의 잔인한 행태를 생생하게 보여주는 현장이다. 절벽 위 광장에는 일본군 충혼비가 즐비하다. "자고나면 위령비 하나가 생긴다."는 말이 나올 정도로 일본 극우주의자들의 과거사 미화가 심하다고 한다.

그러나 억울하게 죽어간 한국인 추모비는 단 한 개도 없다. 안내자 K씨에 의하면 이곳에 들리는 한국인들이 일본에 대한 항의표시로 껌을 일본인 충혼비 뒤에 슬쩍 붙인다고 했다. 정말 돌비석 뒤에는 덕지덕지 붙어있는 껌들이 산을 이루고 있었다.

아는 만큼 보인다!

태평양전쟁 이후의 사이판

1945년 전쟁이 끝난 후 미국정부가 사이판과 인근 섬들을 포함한 북마리아나 연방을 결성하여 통치하고 있다. 사이판에는 가라판을 비롯하여 9개의 마을이 있는데 대부분 필리핀해에 접한 서해안에 집중되어 있다. 섬 인구 4만 5천 명 중 한국 교포는 3000여 명에 달한다.

일본군 벙커 · 방공호 · 전차잔해가 곳곳에

사이판의 중심도시 가라판에는 미국 전쟁기념공원이 있다. 이 공원은 후세들에게 전쟁의 참상을 알려주고자 1994년 사이판전투 50주년 행사 시 조성되었다. 전시관에는 태평양전쟁 발발 배경에서 종전까지의 역사를 생생하게 보여주고 있었다.

신세대 안보교육장 미국 전쟁기념공원

Trip Tips

자동차로 30분이면 구석구석을 다 볼 수 있는 작은 섬 사이판! 전쟁이 끝난 지 70여 년이 지났지만 아직도 곳곳에서 전쟁의 흔적을 쉽게 볼수 있다.

이 섬의 전쟁역사를 한 눈에 볼 수 있는 가라판해변의 전쟁기념공원(American Memorial Park). 800여 명을 수용할 수 있는 콘서트홀, 전몰장병 위령탑, 전쟁박물관은 신세대의 훌륭한 안보교육장으로 활용되고 있다.

전쟁기념공원에서 현장체험학습 중인 미국학생들

박물관 안내원 마리아(Maria)는 70세가 넘은 연방공무원이다. 단체 관람 온 꼬맹이들을 정렬시키느라 정신이 없다. "오랫동안 이 전쟁박물관을 찾는 사람들을 안내하고 있다. 특히 전쟁 참상을 잘 모르는 어린아이들을 전시관에서 교육을 할 때 가장 큰 보람을 느낀다. 자신은 건강이 허락하는 한 계속 이곳에서 근무하고 싶다."라고 했다. 이 기념공원 옆에는 아늑한 숲과 벤치가 있어 시민 휴식처로도 널리 이용된다. 또한 하얗게 펼쳐진 백사장에는 윈드서핑과 수영을 즐기는 관광객들로 항상 붐빈다고 하였다.

1930년대 시작된 일본의 전쟁 준비

박물관 첫 전시실은 전쟁 발발배경을 상세하게 설명하고 있다. 즉 1914년 제1차 세계대전, 1931년 만주사변, 1937년 중일전쟁, 1941년 태평양전쟁 등에 대한 생생한 사진과 문서들이 전시되어 있다. 특히 1930년대의 일본 전쟁 준비 과정에 대한 다양한 역사자료들이 있었다.

사이판 국제공항부근의 일본군 방공호

일본정부는 1930년부터 사이판에 대규모 사탕수수농장을 만들기 위해 일본과 한반도에서 노동자들을 데려왔다. 이 개간은 '남양흥발(南洋興發)' 회사가 주축이 되었고 당시 사이판에는 22,000명의 일본인과 조선인 7,000명, 원주민 2,000명이 함께 생활했다. 또한 일본해군은 이미 1932년에 사이판에 간이비행장을 만들어 대규모 항공기 이착륙훈련을 했다. 일본은 이런 군사시설을 숨기기 위해 '남양청 제1농장'이라는 위장 이름을 붙였다. 이 비행장이 뒷날 '아슬리토' 비행장이 되었고 오늘날 사이판 국제공항으로 사용되고 있다. 지금도 국내선 터미널 근처에는 일본군 방공호가 옛 모습 그대로 남아 있다.

이처럼 일본의 해외영토 확장 야욕은 사이판에서부터 집요하게 시작되었다.

피로 물들인 미군의 사이판 상륙작전

1944년 6월 11일 오후 1시! 미군함재기 225대가 사이판의 일본군들을 강타하기 위해 출격했다. 당시 사이판 전투에 참여하는 미 제58 기동부대는 정규항모 7척, 소형항모 8척, 전함을 포함한 함정이 77척이었다. 항공모함에 탑재된 항공기는 1,000대, 상륙병력은 106,000명에 달했다. 압도적인 전력을 갖춘 미군들은 자신만만하게 사이판에 상륙했다.

수일 동안 계속된 함포사격과 폭격으로 일본군진지는 초토화되었고 수백 대의 상륙용 주정들이 자라 떼처럼 굼틀거리며 해안으로 기어갔다. 엄청난 공격준비 사격에도 불구하고 견고한 벙커속에서 살아남은 일본군 저항은 격렬했다. 수많은 주정들이 침몰했고 해변 산호초는 상륙함정에 큰 걸림돌이 되었다. 가까스로 백사장에 도착한 미군전차들은 일본군이 미리 파놓은 깊은 함정으로 전진이 어려웠다. 상륙 첫날 미 해병 2사단의 경우 사상자만 1,575명에 달했다. 그야말로 사이판 백사장은 피로 물드는 처절한 전장터로 변했다.

시내 중심부에 남겨진 일본군 전차 잔해

1944년 마리애나제도 방어가 다급해진 일본군은 북만주의 제9전차연대(전차 44대로 편성)를 사이판으로 이동시켰다. 시내를 열 지어 질주하는 전차를 보고 일본군 사기는 충천했다. 그러나 미 해 · 공군전력 앞에서 힘 한 번 제대로 써보지 못하고 이 전차부대는 괴멸되었다.

오늘날 가라판 시내 중심부와 전쟁기념공원에는 부서진 일본군 전차 잔해들이 군데군데 전시되어 있다. 아직도 쉽게 볼 수 있는 해안 백사장 근처의 일본군 벙커들은 대부분 강제징용 온 노동자들이 건설했다. 남의 전쟁터에 끌려와 죽을 고생을 하며 노역에 시달린 선조들의 고통이 눈에 보이는 듯 선했다.

가라판 시내에 전시된 일본군 전차잔해

사이판 한국 교민들의 자녀교육 열정

전쟁유적지를 안내하는 K씨에 의하면, 한 때 한국 기업인들이 이곳에서 많은 봉제공장을 운영했지만 인건비 상승으로 대부분 동남아 국가로 이전했다. 또한 교민 자제들은 대부분 학교에서 우등생들이라고 했다. 사이판에는 통학버스가 다니고 있으나 이 차량를 이용하는 한국인은 거의 없다고 한다. 한국 교민 대부분은 직접 자동차로 자녀들을 통학시키며 수업이 끝나자마자 학원이나 과외지도를 받도록 하고 있다. 한국인들의 무서운 교육열은 사이판에서도 예외가 아니었다.

그리고 많은 교민 2세, 3세들이 미국 ROTC나 사관학교로 진학하여 사회적 신분상승 기회를 갖는다고 한다. 간호대학을 졸업한 후 미군 장교가 되려는 학생들도 많이 있다고 했다. 미국에서 직업군인의 인기 정도를 실감할 수 있었다.

미군 승전비와 천 길 자살절벽

1944년 6월 미군과 일본군 20여만 명이 격돌한 마리아나 해전과 사이판전투는 두 국가 간의 과학기술력 차이로 승패가 났다. 가라판 해변 미군 승전탑에는 이런 전쟁과정과 일본군 최후공격을 자세하게 기록해 두고 있었다.

가라판 시내 해안가의 미군 승전비

일본해군을 괴멸시킨 미국의 과학기술력

1944년 6월 19일, 미국 스프루언스 제독이 지휘하는 함정 112척, 항공기 900대와 일본 오자와 제독의 함정 55척, 항공기 440대가 마리아나제도에서 격돌했다. 일본해군은 항공모함 3척을 포함하여 많은 함정들이 침몰했고, 400대의 항공기가 격추되어 사실상 재기불능 상태로 빠졌다.

미군승전비는 그날의 승리요인을 이렇게 전했다.

이 전투에서 미군은 대공 포탄에 근접신관을 부착했다. 과거 대공포로 직접 적기에 명중시키는 방법을 개선했던 것이다. 포탄에 부착된 전자신관은 적기 근처에서 폭발했다. 일본군기는 목표물에 접근하기도 전 순식간에 추락했다. 또한 이 당시 일본군은 비행기량이 뛰어난 1급 정예조종사들이 대부분 전사했다. 단기속성으로 양산된 풋내기 조종사들은 항공모함 착륙 중 사고를 내는 경우가 비일비재하였다. 마리아나해전 직전 오자와 함대에서는 착함훈련 중 60대의 항공기가 사고를 일으켰다.

전쟁 중 눈부시게 발전한 미군 군사장비

1943년 11월 미군은 타라와전투에서 처음으로 LVT라는 수륙양용차를 사용했다. 그리고 1년 후 사이판 전투에서는 성능이 훨씬 향상된 신형장갑차 LVTA (Landing Vehicle Tracked Armored)를 투입했다. 이 장비는 전면을 방탄소재로 감쌌고 뒤쪽에 적재함 문을 만들어 병사들의 안전을 보장했다.

특히 지프, 야포 등도 기중기 없이 탑재 · 하역이 가능하여 상륙작전능력을 대폭 향상시켰다. 그 후 지속적인 성능 개량을 거쳐 제2차 세계대전 중 무려 18,620대가 실전 배치되었다. 미국은 전쟁 와중에도 이런 신형 장비를 개발하고 대량생산할 수 있는 저력의 나라였다.

무모한 최후공격으로 전멸한 일본군

1944년 7월 7일 새벽, 사이판의 일본군 사령관 사이토 중장은 '최후의 총공격' 명령을 하달한다. 소총이 없는 병사는 대검이나 수류탄을 들고 집결했고 재향군인, 민간인, 심지어 젊은 여자아이들까지 동원되었다. 총이 없는 민간인들은 죽창, 끝을 날카롭게 깍은 나무막대기, 돌멩이를 들었다.

새벽 5시, "반자이(만세)!"를 외치며 악귀처럼 달려드는 일본군 머리 위에 미군은 조명탄을 쏘아 대낮같이 밝혔다. 제1열이 쓰러지면 제2열이 몰려왔다. 만세공격은 순식간에 4300여명의 전사자를 낳고서야 끝이 났고, 미군은 여러 대의 불도저를 이용하여 시체를 매장했다. 이제 조직적인 일본군 저항은 사라지고 뿔뿔이 흩어진 패잔병들은 하루하루의 생존에 급급하게 되었다.

정글에서 1년을 유랑한 일본군 패잔병

최후의 총공격에서 살아남은 일본군들은 주로 정글로 들어갔다. 사이판 전투 이후 종전까지 약 1년 동안 정글에서 살아남은 일본군은 500여 명. 패잔병들은 식량을 미군 쓰레기 더미를 뒤져 해결했다. 때로는 민가 주변에 심어 놓은 바나나를 훔쳐 먹었다. 목욕을 못한 이들의 몸에는 이가 들끓었고 영양실조로 죽는 병사들도 많았다.

1945년 8월 15일, 전쟁은 끝났지만 정글속의 패잔병들은 좀처럼 나오지 않았다. 결국 미군은 일본군에게 일주일 동안 정글 안을 마음대로 걸어 다닐 수 있도록 보장했고 전우들과 함께 항복할 것을 방송했다. 그리고 흑인 병사가 도쿄 중심지에서 교통정리 하는 사진을 살포했다. 그때서야 패잔병들이 집단적으로 항복하기 시작했다. 일본 군

미군에게 항복하는 일본군(박물관 사진)

국주의가 낳은 무서운 세뇌교육의 참담한 결과였던 것이다.

사이판 국제공항 속의 일본군 요새진지

사이판 아슬리토 국제공항은 이미 1930년대 일본군이 건설했다. 제주도보다 훨씬 작은 이 섬에 군사적 목적으로 3개의 비행장이 있었다. 바로 이 국제공항 국내선 터미널 옆에는 총포탄 자국이 선명한 견고한 건물과 수많은 콘크리트 방공호가 늘어서 있다. 일부 건물에는 민간회사가 있었는데 안에는 녹슨 총기류와 군용물품 몇 점을 전시해 두고 있었다.

이 건물 외곽에는 미 제27보병사단과 제73폭격기전대, 일본군 제89보병연대 제3대대의 전투 기념석들이 있었다. 특히 일본군 기념석에는 대대장 사사끼 대위외 618명의 전사자 명단과 "1944년 6월 26일, 위 장병들은 비행장 방어를 위하여 최후까지 싸우다가 장렬히 전사하였다."라는 추모 글귀까지 새겨져 있다. 그러나 이 비행장건설을

사이판 국제공항내의 미군전투기념비

위해 희생된 한국인들에 대한 이야기는 눈을 씻고 살펴봐도 보이지 않았다.

아는 만큼 보인다!

사이판 마르피 산의 자살절벽(suicide cliff)

1944년 7월 7일, 일본군 최후공격이 실패한 후 미군에게 쫓긴 일본군이나 민간인들이 깍아 지른 듯한 절벽 아래 정글로 몸을 던진 장소이다. 민간인들은 먼저 어린 아이들을 절벽 아래로 던지고 그 다음에 어머니, 마지막으로 가장이 뒷발질을 해 뛰어내렸다는 기록이 있다. 절벽높이는 수백m에 달하며 현장에는 위령비가 건립되어 있다.

사이판 마르피산의 자살절벽 전경

티니언섬과 원자폭탄 보관소

사이판 남부해안에서 6Km 떨어진 티니언 섬! 태평양전쟁 중 수천 명의 한국인이 억울하게 숨져간 한 맺힌 섬이기도 하다. 또한 전쟁을 조기 종결지은 원자폭탄을 탑재한 미국 B-29폭격기가 출격한 비행장도 이곳에 있다.

티니언-사이판 경비행기로 10분 거리

티니언은 사이판공항에서 소형 경비행기를 이용해서 바다를 건너간다. 체중과 가방 무게를 측정하고 좁은 대합실에서 대기했다. 작은 항공기의 균형을 고려해서 개인 좌석을 정해준다. 장난감 같은 비행기들이 활주로에 쉴 새 없이 뜨고 내린다. 흡사 복권 당첨자 발표처럼 승객이름을 호명하면 우르르 나가 비행기 날갯죽지를 밟고 올라가 좌석에 앉는다. 한 사람씩 탈 때마다 동체가 휘청댄다. 다들 불안한 기색이다.

눈치 빠른 조종사의 말 한마디. "걱정 말라! 공중에서 시동이 꺼져도

사이판-티니언 간 운행하는 경비행기

활공으로 티니언, 사이판 어느 곳이든 불시착이 가능하다." 그 말이 사실인 듯 이륙 하자마자 비행기는 착륙준비를 한다. 하늘에서 본 티니언 섬은 큼직하고 편편한 빈대떡 한 개가 바다에 떠 있는 형상이다.

미군 네이팜탄과 사탕수수밭의 일본군

일본은 1930년대 한국인을 포함한 수많은 노동자를 데려와 티니언 섬 전체를 사탕수수밭으로 개간했다. 또한 동양 2위의 제당공장 건설로 일본 설탕의 12%를 이 섬에서 생산하였다. 전쟁 중에는 민간인 18,000명, 일본군 8,000여명이 이곳에 있었다. 높은 산이 없는 티니언에서 일본군은 해안에 주 병력을 두었고 사탕수수밭에 예비부대를 배치했다. 드디어 1944년 7월 24일, 미군 상륙으로 이 섬은 처절한 전쟁터로 변했다.

해안에서 필사적으로 저항하던 일본군은 섬 안으로 내몰렸다. 이때 미군은 최초로 만든 네이팜(Napalm)탄을 전투기에서 투하했다. 순간 섭씨 800도의 가공할 만한 열을 내면서 사탕수수밭은 불구덩이가 되었다. 더구나 주변 산소까지 결핍시켜 일본군은 가슴을 쥐어뜯으며 죽어갔다. 수 일 간의 대량살육전으로 일본군은 전멸 당했다.

이 폭탄은 야자열매에서 추출한 겔과 휘발유를 섞어 만든 대형소이탄이었다.

전쟁 종결자 원자폭탄보관기념관

티니언 북쪽 해안에는 최초 일본군이 만든 '우지(Ushi)곶' 비행장이 폐기된 채로 방치되어 있다. 끝이 보이지 않는 활주로는 군데군데 깨져있고 잡초까지 솟아있다. 미군들은 섬을 점령하자마자 이곳을 중폭격기용 비행장으로 확장했다. 미 해군공병대가 불도저 등 현대 장비를 이용하여 7개월 만에 6개의 대형 활주로를 만들었다.

티니언 원자폭탄 보관소 표지석과 기념관

바로 이곳 비행장 끝부분에 태평양전쟁을 종결시킨 원자폭탄 보관소가 있다. 튼튼한 유리관 속에는 '리틀 보이(꼬마)와 팻맨(뚱보)'으로 불리는 두 형제폭탄이 조용히 누워 있다. 사실 이들의 활약으로 전쟁은 빨리 끝났고 수백 만 명의 목숨을 구했다. 그러나 지금 와서 자신들을 "못된 놈!"이라고 비난하는 것이 억울하다는 표정을 짓고 있는 듯 했다. 유리판에는 B-29의 폭탄장착 과정, 출격 직전의 승무원 단체사진 등이 전시되어 있다.

한국인 학살현장의 외로운 추모비

티니언 중심 마을 산호세 뒤편에는 한국인 위령비가 외롭게 서있다. 정확한 숫자조차 알 수 없는 한국인 징용자와 위안부들은 사탕수수 농장, 진지공사장, 일본군 병영으로 동원되었다. 티니언 전투 중에는 이리저리 내몰리다가 많은 사람들이 죽어 갔다. 약 5,000명의 동포가 목숨을 잃었다고

한국인 학살 동굴입구에 외롭게 서있는 추모십자가

적힌 위령비는 당시의 서러움을 이렇게 토로하고 있었다.

백의의 아들 딸들이 여기 누워있다. 단군의 백성으로 목숨 받은 이들! 양처럼 끌려와서 군도에 찔리어 떼죽음을 당하였다. 그들은 우리의 젊은 형제요 꽃다운 자매였다. 티니언의 푸른 파도여 이제는 증언하라! 그 통한의 의미가 무엇이었던가를…”

천혜의 관광 휴양지로 재부상하는 티니언

인구 3000명에 불과한 티니언에도 한국 교민들이 살고 있다. 놀랍게도 'Kim, Park'이라는 이름이 들어간 한국인 3세, 4세도 몇 명 있다고 한다. 전쟁이 끝나면서 고국으로 돌아오지 못한 징용자 후손이란다. 이 작은 섬에는 버스나 택시 등 대중교통 수단이 없다. 혼자 여행 시에는 현지인 안내를 받든지 아니면 렌터카를 이용해야만 한다. 70여 년 전 치열했던 전장의 흔적은 아직도 남아 있지만 오늘날 티니언은 스쿠버다이빙, 바다낚시 등으로 각광 받는 휴양지로 새롭게 태어나고 있었다.

아는 만큼 보인다!

일본 히로시마·나가사키 원자폭탄 투하

미국이 1945년 8월 6일 히로시마에, 8월 9일에 나가사키에 원자폭탄을 투하하여 약15만여 명이 사망했다. 이로써 일본은 원폭투하 6일 후인 8월 15일, 연합군에게 무조건 항복했다. 전쟁 조기 종결로 미군은 일본본토 상륙을 하지 않아 최소 100만 명 이상의 인명피해를 줄였다. 그러나 일부에서는 핵무기 사용의 윤리성 논쟁이 있기도 하였다.

티니언 산호세 부근 해안 휴양지 전경

'아이고!'를 기억하는 티니언 원주민

한반도로부터 약 3000Km 떨어진 티니언! 태평양전쟁 당시 수많은 한국인들이 징용자나 위안부로 끌려와 억울한 죽음을 당한 비극의 섬이기도 하다. 얼마나 치열한 전투가 있었던지 오늘날에도 스쿠버다이버들이 해안 주변을 잠수하면 침몰한 함정이나 추락한 비행기 잔해를 볼 수 있다고 한다.

현지 교민 말에 의하면 당시 가혹한 노역에 시달린 한국인들이 숙소에 오면 "아이고! 아이고!"라는 신음소리를 많이 냈다. 전쟁이 끝나고 한 동안 원주민들조차 '아이고'라는 한국말은 기억하고 있었다고 한다.

태평양 끝자락 티니언과 일본의 전쟁 준비

앙상한 골조만 남은 2층 막사의 일본군 제1항공함대 사령부! 건물 입구에는 "위험하니 들어가지 말라"는 경고문이 한글 · 영어 · 일본어로 표기되어 있다. 1930년대 시작된 일본의 전쟁 준비는 집요하고도 치밀했다. 이미 태평양전쟁이 시작되기 전부터 사이판 · 티니언을 포

일본군 제1항공함대 사령부 옛 건물

함한 곳곳에 많은 군사기지를 건설했다. 이 작은 섬에도 4개소의 비행장을 만들었고 주변에 통신소 · 방공호시설도 완비했다. 견고한 원통형 방공호 속에 들어가니 화생방 방어시설까지 갖추고 있었다. 구 일본군 비행장은 잡초에 덮여 있었지만 세계를 제패하고자 하는 일본인들의 야욕은 아직도 살아 있는 듯 했다.

섬 곳곳의 폐기된 군사 시설물과 전장 잔해

일본군 비행기지를 돌아보고 안내인 A씨와 주변지역을 살펴 보다 '일본군 연료보급소'라는 작은 팻말을 발견했다. 오솔길을 따라 들어가니 대형 벙커가 나타났다. 벙커 안에는 녹슨 드럼통들이 뒹굴고 일부 천정은 시멘트가 떨어져 그물 같은 철근이 보였다.

자동차로 비행장을 벗어나니 일반인 출입을 금지하는 철망에 살벌

일본군 연료창고인 동굴 내부(일부 드럼통이 남아 있음)

한 해골표시판과 불발탄 경고문까지 붙어있다. 주변 바닷가에는 차량 크랭크축 등 전쟁잔해가 곳곳에 널브러져 있었다. 또한 산호세 마을 입구에 전시된 전투기 프로펠러와 엔진, 대포 포신은 후세들에게 두고두고 전쟁의 참화를 잊지 말라는 교훈을 주는 것 같았다.

미 해군공병대 활약과 미국의 전시 생산 능력

1944년 8월 1일, 미군은 악귀처럼 저항하는 일본군을 격멸하고 티니언을 완전히 점령한다. 이 전투에서 미군은 328명의 전사자와 1,600여 명의 부상자가 있었지만 일본군은 8,000여명이 목숨을 잃었다.

'Sea Bee(바다 벌)'이라는 별칭을 가진 미 해군공병대! 티니언을 점령하자마자 그들은 패잔병을 소탕해 가며 순식간에 대형 활주로 2개소를 건설했다. 미국은 전쟁 중 건설부분 노동자 26만 명을 뽑아 해군공병부대를 창설했다. 당시 미 해군장관 포레스털은 "공병대원들은 산양처럼 냄새나고 개처럼 생활하고 말처럼 일했다. 그러나 누구도 열악한 전장 여건에 대해 불평하지 않았다. 사실 태평양전쟁을 그들은 등에 짊어졌다고 해도 과언이 아니다."라고 찬양했다.

또한 미군은 주변 해안을 준설하여 대형 수송선 8척을 한꺼번에 수리할 수 있는 도크까지 만들었다. 이로써 해상전투 후 손상을 입은 군함들이 하와이까지 가지 않고 가까운 티니언에서 수리를 할 수 있었다. 특히 미국은 전쟁기간 중 선박건조 과정을 표준화하여 1만 톤 급 수송선을 1주일 만에 1척씩 건조했다. 일본은 이런 미국의 전시 생산능력을 도저히 따라 잡을 수가 없었다.

역사의 수레바퀴에 짓밟힌 한민족의 서러움

70여 년 전 이 조그마한 섬에서 미국과 일본은 사생결단의 혈전을 벌렸다. 그러나 이 전쟁과 아무 관계도 없었던 한민족은 세계역사의 수레바퀴 속에서 짓밟히기만 했다. 수많은 선조들이 티니언에서 목숨을 잃었지만 오직 희생자 추모비 1개만이 비극의 역사를 알려주고 있을 뿐…

태평양전쟁 희생자 유가족회 회장 양순임(76)씨는 오랫동안 강제징용자와 위안부 문제를 연구해 왔다. "1940년대 시아버지 형제와 친척 동생 10명이 한꺼번에 징용영장을 받았다. 그들은 몰래 간장을 몇 사발씩 들이켜 일부는 결핵환자로 판정받아 강제징집을 피했다. 그러나 맏형 시아버지와 몇 명의 형제는 남양군도로 끌려가 아무도 돌아오지 못했다. 어느 곳에서 돌아가셨는지도 모르지만 그들의 위패를 망향의 동산에 모시고 있다."라고 했다.

아마 이들도 티니언에서 일본인의 가혹한 노동과 학대로 목숨을 잃을지도 모른다. 세계역사의 흐름에 지혜롭게 대처하지 못한 위정자들의 잘못을 고스란히 민초들이 덮어써야만 했던 것이다.

수난의 현장에서 다시 피는 한국인 후예

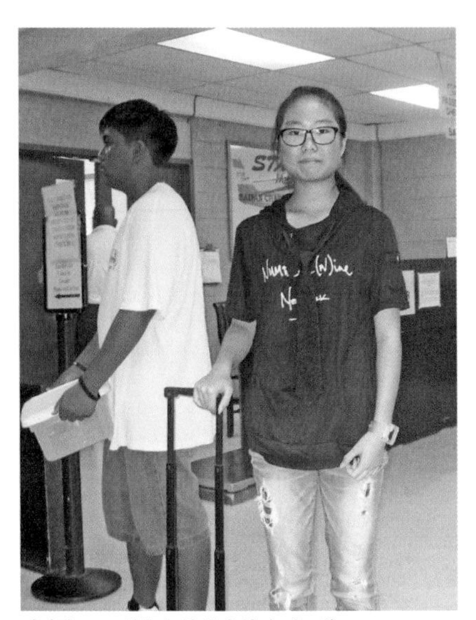
티니언 고교 최우수 학생인 한인 여고생

티니언의 대형카지노에 근무하는 안내인 A씨는 틈틈이 여행객들을 안내하고 있다. 전쟁유적지에서 한국인 희생자 이야기를 하며 누구보다 가슴 아파 했다. 그러나 아이러니하게도 티니언과 한인들의 인연도 결국은 태평양전쟁 때문에 시작되었다.

티니언 공항에서 한인 여학생 1명을 만났다. 그녀는 티니언 고교에서 최우수학생으로 선발되어 히로시마에 교환학생으로 간단다.

이 학생을 보며 A씨는 "100여 년 전 강대국에 의해 우리 민족은 본의 아니게 전 세계로 흩어지는 비극을 당했다. 그러나 오늘날에는 그 수난을 밑거름으로 세계 곳곳에서 한국인의 능력을 발휘하고 있습니다. 이곳 티니언 한인들도 예외가 아닙니다. 한국인의 우수성, 근면성, 창의력을 다른 민족은 도저히 따라 올 수가 없습니다."라고 했다.

오키나와

O k i n a w a

오키나와 비극의 전쟁역사

한반도로 부터 남쪽으로 1,500Km 떨어진 오키나와! 이 섬은 '동양의 하와이'로 불리지만 태평양전쟁에서 주민의 1/3이 목숨을 잃은 비극적인 역사를 가졌다. 제주도보다 작은 면적을 가졌으나 섬 길이는 112Km에 달하고 바나나처럼 길쭉한 형태를 가졌다.

비극의 역사를 감춘 천혜의 휴양지 오키나와

오키나와는 흔히 "일본이지만 일본이 아닌 곳이다"라고 한다. 이 섬은 오래전 중국, 대만, 조선, 일본을 연결하는 중계무역으로 번성한 '류큐(琉球)'라는 독립왕국이었지만 1879년 일본에게 강제병합 당했다. 지금도 일부 현지인들은 일본으로부터의 독립을 요구하기도 한다.

오키나와 해안은 산호초로 바다색갈이 감청색으로 보이고 흰모래 백사장이 잘 발달되어 있다. 더구나 아열대 해양성 기후로 1~2월을 제외하면 1년 내내 수영이 가능한 휴양지다. 그러나 1945년 4월 1일부터 6월 23일까지 18만 명의 미군과 12만 명의 일본군이 이 섬에서 격돌하면서 10여만 명의 주민들이 목숨을 잃은 비극의 현장이기도 하다.

일본 역사왜곡과 오키나와 주민의 분노

1945년 태평양전쟁 말기, 일본군은 약 24,000여명의 주민들을 강제로 전투부대에 배치했다. 또한 17세에서 45세까지의 현지인들에게 비행장건설, 탄약운반, 진지구축 등의 일을 전담시켰다. 더구나 어린 소년, 소녀들을 '학도의용대'라는 미명하에 미군에 대한 자살공격까지 강요한다.

일본은 이런 사실을 학생들의 '순국미담'으로 왜곡시키기도 했다. 예를 들면 '오키나와 여고생 130명으로 구성된 히메유리 의용대는 미군에게 항복을 거부하고 비장하게 절벽으로 몸을 던졌다'라고 역사서

오키나와 해변의 리조트 전경

에 기술하였다. 그러나 오키나와 주민들의 거센 반발이 일자 '일본군 강요' 사실은 숨기고 '집단자살이 있었다'라는 애매모호한 표현으로 바꾸었다. 당시 생존자의 "너무나 살고 싶었지만 일본군이 자살을 강요했다."라는 생생한 증언을 일본정부는 애써 모른 척 했던 것이다.

강제징용자 사진속의 한민족 수난역사

오키나와 평화박물관에는 한국인 강제징용자와 종군위안부 자료들이 일부 전시되어 있다. 기록에 의하면 최소 10,000여명 이상의 한국인들이 이 섬에서 숨졌다고 한다. 특히 미군에게 포로가 되어 무표정하게 줄지어 서있는 한인 징용자 사진은 힘없는 우리 민족의 수난을 상징적으로 보여주는 듯 했다.

일제강제연행 한국인 생존자협회 회장 김종만(97)옹은 태평양전쟁과 6·25전쟁을 온 몸으로 경험했다. 몸이 불편한 어르신이지만 험

미군 포로가 된 한국인징용자 사진

난한 시대를 살아온 당시 상황을 기억하고 있었다. "1940년대 지원병 명목으로 강제로 끌려가 남태평양 라바울전투에 참전했다. 많은 한국인들이 질병, 폭격, 굶주림, 일본인 학대, 집단자살 등에 휩쓸려 속절없이 죽어갔다. 일본패망 후 자신은 기적적으로 조국으로 돌아왔지만 곧이어 6 · 25전쟁이 터졌다. 이번에는 공산주의자들과 3년간 치열한 전쟁을 치렀다. 우리 세대는 일제 강점기와 6 · 25전쟁으로 혹독한 시련을 겪었다. 하지만 오늘날 자유대한민국이 있도록 미력하지만 자신도 힘을 보태었다는 것에 삶의 보람을 느끼고 있다."라고 회상했다.

지하터널 속의 구 일본군 해군사령부

오키나와 나하시 도심공원속의 구 일본군 해군사령부! 총길이 450m의 지하터널은 미군 함포사격과 공중폭격에 대비한 전투지휘소 겸 대피호였다. 특히 이 지하갱도는 오로지 삽과 곡괭이, 들것을 이용한 인력으로만 건설했다. 지하통로에는 곡괭이로 터널 벽을 찍은 공사흔적들이 뚜렷이 남아 있다.

일본군 해군사령부 입구

지하갱도 내부 전경

일본군이 최후의 만세돌격을 준비하는 모습

1945년 4월, 오키나와가 불바다로 변하는 순간 4,000여명의 일본군들이 이 갱도에서 두더지처럼 웅크리고 있었다. 지하내부에 사령관실, 암호통신실, 의료실, 하사관실 등은 있었지만 병사들의 생활공간은 준비되지 않았다. 그들은 통로바닥 이곳저곳에 들어누워 기거했다. 그러나 3개월 동안 오키나와에서 악귀처럼 저항했던 일본군도 방어사령관 오타 미노루 소장의 권총자결로 사실상 막을 내렸다. 뒤이어 많은 간부들이 수류탄으로 목숨을 끊었고, 회의실 벽에는 아직까지 파편 흔적들이 남아 있다.

또한 갱도구석에는 일본군 하사관이 군도를 빼어들고 잔존 병력들을 인솔하여 최후의 만세공격을 나가는 그림도 붙어 있다. 병사들은 긴 막대기에 대검을 묶어 마지못해 따라 나가는 표정을 짓고 있었다.

아는 만큼 보인다!

일본군이 최후의 만세돌격을 준비하는 모습

1945년 4월, 일본군 총병력은 720만 명(육군 550만 명, 해군 170만 명)에 달했다. 그러나 병력자원 부족으로 현역 부적격자, 전역 후 15년 이내 예비역, 지적장애자까지도 충원해야만 했다. 특히 전쟁말기 일선부대에 대한 보급 중단으로 많은 아사자가 발생했다. 영양실조, 전염병 감염 등을 포함한 넓은 의미에서의 아사자는 일본군 사망자의 60%에 달하였다(출처: 일본 근현대사 시리즈 6, “아시아 태평양 전쟁”).

평화기념관의 종군위안부 지도

태평양전쟁의 아픈 역사를 고스란히 담아두고 있는 오키나와 남단 해변의 평화 기념관! 야외 기념공원 언덕에는 24만 명의 오키나와전투 사망자 이름이 빼곡히 적혀있는 추모비가 시퍼런 바다를 말없이 내려다보고 있다.

전쟁역사로 채워진 오키나와 평화 기념관

오키나와 평화 기념관은 종전 50주년이 되는 1995년 6월 23일에 오키나와 현이 건립했다. 넓은 야외공원에는 수백 개의 검은 대리석비에 전쟁희생자 이름이 빼곡히 새겨져 있다. '한국인위령탑 기념공원'은 기념관 입구 길목에 커다란 돌무덤으로 별도 조성되어 있다. 오키나와 전투 사망자는 연합군 · 일본군 · 민간인을 모두 합쳐 무려 241,227명!

기념관 내부전시물은 청일 · 러일전쟁, 만주사변 · 중일전쟁, 태평양전쟁까지의 일본 군국주의 역사를 비교적 객관적인 입장에서 잘 정리되어 있었다. 또한 각종 전쟁유물, 한국인 징용자 · 위안부 실상, 전

평화기념관 입구의 한국인 위령탑 공원

나하시에서 자동차로 30분 거리에 떨어진 평화기념관

시 일본사회 현실 등의 사진 자료들이 가득 차 있다. 더구나 이 섬 안의 일본군 위안소 위치가 세부적으로 표시된 지도까지 있었다.

44개소의 오키나와 일본군 위안소

전쟁이 끝난 지 71년이 지난 지금도 일본은 국제사회에서 종군위안부 문제로 숱한 비난을 받고 있다. 그런데 의외로 이 곳에는 전쟁 당시 오키나와에 있었던 44개소 위안소 존재를 인정하고 있었다.

태평양전쟁 희생자 유가족협의회 회장 양순임(71)씨는 오랫동안 한 많은 위안부 할머니 사연들을 수집해 왔다. 그 자료에는 14세 나이로 위안부로 끌려갔던 강00 할머니 사연을 이렇게 증언하고 있다.

"태평양전쟁 당시 일본은 처녀들을 강제 차출하여 전쟁터나 군수공장으로 데려갔다. 그녀는 어린 나이지만 결혼한 여자로 위장하여 산

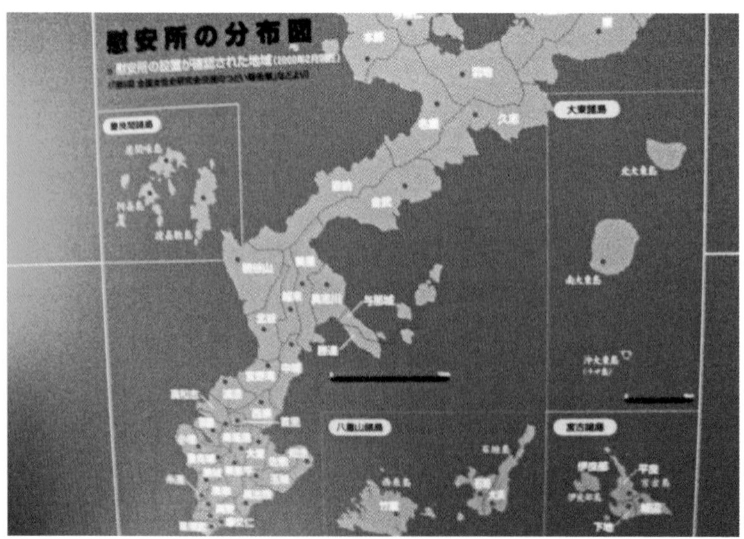

평화기념관에 전시된 오키나와 위안소 분포도(총 44개소)

속 상여 집에 숨어 살았다. 그런데 전시 식량배급은 마을에서 떨어진 기차역에서 이루어졌다. 밀가루를 얻기 위해 할머니가 갔지만 일본국가(기미가요)를 부르지 못해 허탕치고 돌아오곤 했다. 하는 수 없이 그녀는 할머니 대신 역으로 나갔고 노래를 잘 불렀다고 식량 외 고무신과 통조림까지 상품으로 받았다. 이 소문은 순식간에 마을로 퍼져 나갔고 숨어있던 어린 소녀들이 역으로 몰려들었다. 이런 선물은 일본경찰의 달콤한 미끼였다. 어느 날 그 역에서만 35명의 처녀들이 위안부로 강제 납치되었다. 그녀는 태평양 어느 섬에서 생활했는지도 모른다. 오직 가축처럼 오두막에 감금되어 일본군 성노리개로 강00 할머니의 꽃다운 청춘은 이렇게 잔인하게 짓밟히고 말았다."

가미가제 특공대와 한인 조종사의 비운

1945년 4월 6일, 일본군 특공기 2,000여 대가 오키나와 전투에 투입되었다. 미친 듯이 목표를 향해 내리꽂히는 일본기에 대공포는 불

특공작전을 위해 훈련 중인 일본군 조종사들

을 뿜었지만 경항모를 포함한 다수의 미 군함들이 침몰했다. 그러나 250Kg 폭탄을 단 일본 특공기들은 기동의 어려움으로 대부분 격추당했다.

기념관 자료에는 가미가제 특공대원 훈련사진도 일부 남아 있었다. 당시 학생들의 선망의 대상이었던 비행사는 '일본 소년비행학교'나 '특별조종 견습사관' 과정을 거쳐 양성되었다. 그러나 불운하게도 창공에서 자신의 뜻을 펼치고자 했던 한인(韓人) 조종사들 중 20명이 특공작전에 강제 동원되어 목숨을 잃었다. 오늘날 야스쿠니 신사에 비치되어 있는 일부 한국인 특공대원 명단과 사진을 없애달라는 요구를 일본정부는 애써 모르는 척 하고 있다.

전범국가의 면죄부 샌프란시스코 조약

안타깝게도 태평양전쟁 일본 전범자들은 전후 찾아온 냉전으로 대부분 면죄부를 받고 풀려났다. 미국은 아시아에서 공산주의 확산을 봉쇄하기 위해 일본의 역할이 필요했던 것이다. 뒤이어 공직에서 추방당한 전범 정치인들은 속속 정계로 복귀했다. 사실 1951년 미국의 '샌프란시스코 강화조약'은 일본에게 너무나 관대했다. 이 조약에서 일본 전쟁책임은 단 한마디도 언급되지 않았다.

오키나와 평화 기념관에는 매일같이 일본에서 수학여행을 온 학생들이 몰려든다. 재잘거리며 전시관과 야외공원을 돌아보는 그들은 과거 전쟁역사보다는 파란 바다와 숲이 어우러진 주변 경치에 더 관심이 많아 보였다. "과연 일본은 전쟁도발의 책임을 후세들에게 제대로 전하고 있는지?" 너무나 궁금하게 느껴졌다.

아는 만큼 보인다!

태평양전쟁 일본 전범자 처리는?

1948년 11월 12일, 도쿄 전범재판으로 도조 히데끼 원수 등 7명은 교수형을 집행했고, 16명에게는 종신형을 선고했다. 그러나 6 · 25전쟁 발발 직후인 1950년 10월, 수감자 전원이 석방되고 공직추방 전범자 10,000여 명이 모두 복권되었다. 결국 일본의 정치 · 군사 · 경제 · 문화 등 모든 분야에서 왕년의 '전쟁 범죄자'들이 최고 권력을 다시 잡게 된 것이다.

IBERATOR
WRECK SITE

대양주

Oceania region

호 주

Australia

365일 단 하루도 빠지지 않는 호주의 참전용사 추모행사

지구상에서 가장 안보위협이 없는 나라 호주! 세계 3대 미항 시드니를 포함하여 수많은 관광 명소와 풍부한 자연자원까지 가진 나라다. 국토면적은 769만Km²로 한국의 78배에 달하지만 인구는 2,500만 명에 불과하다. 연 국민개인소득 67,000 달러로 경제적으로도 풍요로운 정말 신이 축복한 국가이다.

그러나 이 축복의 땅에 사는 호주인들이 숱한 전쟁에서 얼마나 많은 피땀을 흘렸는지 아는 사람은 거의 없다. 현재 군사력은 현역 57,800명(육군 29,000 해군 14,400 공군 14,400), 예비군 21,100명을 보유하고 있으면서 1800여명이 평화유지군으로 해외에 파병되어 있다. 또한 호주 전국에는 유학생을 포함하여 약 15만 명의 한인들이 거주하고 있다.

시드니 안자크 공원 추모기념관과 호수

캔버라 전쟁기념관의 한국전쟁 전시실

1770년 1월 26일, 영국인 선장 쿡(Cook)이 최초로 이 대륙에 상륙한 이후 많은 영국인들이 이주해 왔다. 이들의 후손인 호주군은 국익을 위해 1800년대 말부터 수많은 전쟁에 참전했다. 최근에는 아프간 · 이라크전에도 전투부대를 파병하여 미 · 영국과 혈맹관계를 과시하고 있다.

수도 캔버라는 정부청사, 국회의사당, 왕립군사대학 등 국가핵심기관이 모여 있는 인구 40만의 작은 행정도시다. 특히 국회 맞은편 국립전쟁기념관은 매일같이 수많은 관람객들이 몰려든다. 전시관은 크게 보어전쟁, 제1 · 2차 세계대전, 한국전쟁, 베트남전, 아프간 · 이라크전, PKO실로 구분되어 있다.

한국전쟁전시실은 전쟁발발 · 경과 및 호주 · 한국의 관계를 자세하게 설명한다.

시드니 안자크 공원의 전쟁기념조형물

한국전쟁전시실의 유엔기와 38선 조사단 호주군장교 사진

1950년 6월 9일부터 23일까지 일본주둔 호주군 스투아트 소령 일행은 한국으로 건너와 38선 상황을 면밀하게 확인 후, '한국군은 공격작전이 불가하다'는 조사결과를 UN에 보고했다. 뒤이어 6월 25일, 북한군 불법 남침이 시작되자 이 증거자료가 신속하게 UN군을 한반도로 파병하는 결정적 계기가 되었다.

한국전쟁 전시실의 1950년대 한국인 피난민 모습

호주군 역시 연인원 17,164명이 참전하여 전사 340명, 부상 1,216명, 포로 29명의 피해를 입었다. 전시 관자료를 보면서 한국의 자유를 위한 호주인들의 헌신을 다시 한 번 깨달았다.

이 전시실에는 1950년대 초토화된 서울거리, 울부짖는 피난민, 불타는 초가집 등 많은 기록사진들이 있다. 이런 잿더미 속에서 오늘날 경제대국으로 우뚝 선 대한민국이 정말 대단하게 느껴졌다.

호주인 상무정신과 참전용사 추모행사

기념관전시자료 중 '제2차 세계대전 중 병역제도 논란'은 퍽이나 인상적이었다. 전통적으로 모병제를 유지해 온 호주는 전쟁이 장기화되자 자연스럽게 징병제 도입이 거론되었다. 의회에서 '모병제, 징병제' 문제를 두고 뜨거운 논란이 벌어지자 의외로 전선의 장병들이 "우리

전쟁기념관 참전용사 추모행사와 초등학생 헌화 모습

의 애국심을 모욕하지 말라! 강제 징집제는 절대 반대한다."라며 집단적으로 항의했다. 결국 호주는 전쟁 중에도 모병제를 계속 유지했다. 그후 1960년대 베트남전 시 일시적으로 징병제를 시행했지만 전쟁이 끝나자마자 모병제로 다시 전환하였다. 이 같은 호주인들의 독특한 애국심이 오늘 날 부강한 국가로 만드는데 밑거름이 된 것 같았다.

Trip Tips

전쟁기념관이 문을 닫는 17:00! 은은한 진혼곡 나팔소리와 함께 참전용사추모행사가 시작된다. 특히 현장학습을 온 초·중등학생들은 질서정연하게 행사장에 앉아 이 의식을 끝까지 지켜본다. 국가연주-참전자 약력소개-유가족·학생 헌화 순서의 20분 내외 행사다. 사망한 참전자의 유가족·전우가 신청하면 누구나 추모대상자로 선정된다. 연중 크리스마스 단 하루를 제외하고는 이 행사는 매일 진행된다고 하였다.

100년 전통의 호주 왕립군사대학

캔버라의 왕립군사대학은 울타리가 없으며 일반인 출입도 자유롭다. 호주군 장교양성은 1년 과정의 군사대학과 3년 학제의 국방사관학교로 나누어져 있다. 군사대학은 대학졸업자, 사관학교는 고교졸업자 중 선발한다. 1911년 6월 27일 개교한 군사대학은 미국 · 영국사관학교를 모델로 삼았다. 1 · 2차 세계대전 · 한국전쟁 시 호주장교단 주축이었던 많은 졸업생들이 전사했다.

100여년 전통의 학교답게 대부분의 건물이 고풍스럽다. 심지어 대연병장도 잔디밭이 아닌 콘크리트 바닥이다. 영내에서 만난 존(John)은 시드니대학을 졸업하고 장교의 길을 택했는데 후보생은 상병계급을 부여받는다고 했다. 모병제인 호주군 이등병 연봉은 60,000호주달러(4,800만원) 수준이며, 아파트 · 의료지원과 해외파병 시 상당한 수당이 추가된다. 넓은 학교 부지에 다양한 훈련시설은 갖추고 있으나

왕립군사대학 건물과 오른쪽의 대연병장 전경

왕립군사대학 창설기념비와 장교후보생 모습

강의실 · 후보생숙소는 외관상 상당히 노후화되었다. 하지만 교정 곳곳의 전사자명비 · 전쟁영웅동상 · 학교연혁비 등에서 숱한 호국간성을 배출한 명문군사학교의 빛나는 전통을 느낄 수 있었다.

누드해수욕장 · 전쟁유적이 뒤섞인 시드니반도

호주 무역 · 상업의 중심지 시드니는 500만 인구를 가진 항구도시이다. 수많은 관광객들이 거리를 메우는 평화로운 이 도시 중심부 공원에 안자크전투 기념관이 있다. 제1차 세계대전 시 터키의 갈리폴리 전투 전몰용사 현충시설이다. 포탄조형물, 추모호수, 전쟁영웅비각은 시드니항의 평화로운 오페라하우스를 상상하는 우리에게는 의외로 느껴진다.

또한 시드니항에서 길쭉하게 뻗어나간 3개의 반도 곳곳에는 널찍하고 쾌적한 시민공원과 누드해수욕장이 뒤섞여 있다. 공원해변언덕에는 포병훈련소, 1 · 2차 세계대전 시의 해안포 · 벙커 · 후송병원 · 잠수함감시초소가 원형 그대로 보존되어 있다. 하지만 언덕 아래 백사장에는 알몸의 남자들이 희희낙락거리며 일광욕을 즐긴다. '선녀와 나무꾼' 설화를 상상하며 누드해수욕장을 유심히 살피니 대부분의 여성들은 비키니차림이다. 금강산 폭포아래 벗어놓은 선녀옷을 훔쳐갔다는 소문이 이미 이곳까지 퍼진 모양이다. 시드니반도의 과거 군사요새 일부는 현재도 해군조기경보부대들이 차지하고 있다. '해안포와 전투시설, 누드해수욕장, 조기경보부대…' 이질적 요소가 뒤섞여 있지만 호주인 상무정신은 예나 지금이나 변함이 없는 듯 했다. 또한 선조들의 피땀 어린 군사유적을 후손들의 역사교육 현장으로 활용하는 지혜가 부럽기만 하였다.

시드니항 반도의 과거 해안포 포상 앞을 지나는 크루즈선

시드니항 반도 해안포병 옛 막사 전경. 현재는 민간식당으로 개조되었다

일본군 침공 당한 호주북부 '다윈', 도시 곳곳에 전쟁유적

세계에서 가장 평화로운 대륙에 살고 있는 호주인! 그러나 왜 지나간 전쟁역사에 대해 그들은 이토록 관심이 많을까? "인류역사는 전쟁 중이거나 아니면 다음 전쟁을 준비하는 기간이었다."라고 많은 역사가들은 말한다. 이기심, 종교 갈등, 독재자 오판, 국익충돌 등 전쟁원인은 끊임없이 생겨난다. 이런 냉혹한 국제사회현실에 일찍이 눈을 뜬 민족은 늘 전쟁에 대비해 왔다. 그러나 '평화'라는 달콤한 환상만을 상상하고 현실에 눈감은 민족은 반드시 침략자에게 짓밟히고 말았다. 누구보다도 이런 교훈을 잘 깨닫고 있는 국민이 호주인들 이었다.

브리즈번 안작크 광장의 한국전쟁참전 기념동상

시내 전체가 전쟁유적인 최북단 도시 '다윈'

적도에 가까운 '다윈'은 인구 10만의 작은 도시이지만 시내와 주변이 전쟁유적으로 덮여있다. 도심 곳곳에서 전쟁기념비, 지하유류저장소, 폭격맞은 건물, 기총탄 흔적의 담벼락 등 전쟁 상흔을 쉽게 볼 수 있다. 일일투어코스의 절반이 전쟁기념관, 옛 군사시설이다. 1940년대 태평양전쟁 중 유일하게 일본군에게 침공 당한 이 도시를 호주는 '호국의 성지'로 승화시켰다. 또한 매년 2월 중순 이곳에서는 수일간의 대대적인 전쟁재현 행사가 열린다.

1942년 2월 19일, 동티모르 · 파푸아뉴기니에서 발진한 300대의 일본군전투기가 군사요충지 '다윈'을 기습적으로 폭격했다. '호주판 진주만 공습'으로 수많은 민간인과 호주 · 연합군이 목숨을 잃었고 미 군함 10척, 항공기 23대가 파괴됐다. 이후 일본군은 호주를 100여 차례 폭

태평양전쟁 당시 다윈 해변에 축성된 해안포 전경

전쟁기념시설로 개조된 다윈 지하유류고 내부 전경

브리즈번 시내 중심부의 맥아더사령부 건물. 현재는 전쟁기념관으로 활용되고 있다.

격했고, 시드니로 침투하던 일본잠수함이 항구입구에서 격침당했다. 철저한 전쟁 준비를 했지만 호주인들은 일본군의 무서운 공격기세로 공포심에 휩싸였다. 호주정부는 일본군상륙 시 영토 일부를 양보하고 브리즈번 북부에서의 결전을 계획하기도 했다.

위기에 빠진 호주는 다급하게 미국에 지원을 요청했다. 천만다행으로 미국은 영국을 대신하여 호주 · 뉴질랜드 생존을 책임지겠다며 적극적으로 나섰다. 필리핀에서 탈출한 맥아더는 중부도시 브리즈번에 사령부를 차리고 대대적인 반격을 준비했다. 호주는 나라운명과 작전권을 맥아더에게 맡길 수밖에 없었다.

우방국 전몰장병을 위한 국가전쟁유적지

일본계 호주인 모리(Morii)는 여행자숙소 직원이다. 그는 다윈 건너편 동티모르에서 NGO 활동도 했다. 동티모르 · 인도네시아 · 뉴기니 역사에 대해서도 해박한 지식을 가졌고, 다윈의 전쟁유적지는 손금보듯 환하게 알고 있었다. 모리는 다윈항 맞은 편 '만돌라이반도' 정글지역의 폭격기추락유적지 답사를 적극 추천했다. 1945년 1월 17일, 훈련 중 B-24 미군폭격기가 추락한 현장이란다. 유적지로 가는 직선도로를 따라가면 쉽게 찾을 수 있다고 한다.

페리로 20분 정도 걸려 반대편 선착장에 도착했다. 주차장 여행객에게 유적지를 물으니 자신의 차에 타라고 하였다. 한참을 달려 목적지입구에 내려주며 '충분한 식수를 가졌는지?' 몇 번이고 되묻는다. 작은 물병을 보여주며 걱정 말라며 손을 흔들었다. 표시판을 따라 소로 길로 들어서니 군데군데 벌건 황토물이 차있다. 꺾어지는 삼거리 · 사거리에서 계속 안내 화살표만 나타난다. 보물찾기놀이 같았지만 적막한 밀림 속에서 미아가 될 것 같은 두려움이 몰려왔다.

미군폭격기추락유적지로 가는 정글지역 진입로 전경

만돌라이반도 정글지역에 추락한 미군폭격기 잔해

거의 3Km정도 들어가니 갑자기 나무 위쪽이 부러진 수목군(樹木群)이 나타났다. 길이가 수백 m에 달하는 추락사고 간 생긴 80년 전의 생채기다. 그 끄트머리에 산산조각 난 항공기 동체 · 엔진 · 날개가 뒹굴고 있었다. 출격 직전 촬영한 9명 승무원의 활짝 웃는 사진동판에서는 수 시간 후 닥쳐올 비극적 운명을 예측한 사람은 아무도 없었던 것 같았다. 우방국 자유를 위해 고귀한 목숨을 바친 이들을 기리고자 호주는 이곳을 국가전쟁유적지로 지정하였다.

무모했던 준비 없는 정글지역 답사

다시 복귀선박 승선을 위해 큰 도로로 되돌아 나왔다. 주도로에 나오니 지나가는 차량이 전혀 보이지 않는다. 그저 밀림을 관통하는 일직선 2차선 도로 뿐이다. 작열하는 태양 아래 선착장까지 걷는 수밖에 없었다. 우선 일사병 방지를 위해 손수건을 물에 적셔 머리에 썼다. 정글지대지만 더위를 피할 그늘도 없다. 남은 물은 입술만 축이면서 최대한 아꼈다. 혹시 행군 중 쓰러진다면…. 갑자기 대충 여행정보를 알려준 '모리'가 괘씸했다.

그 순간 까마득한 도로 끝 지평선에서 작은 점 하나가 움직였다. 점점 커지는 물체는 승용차였다. 염치불구하고 도로를 가로막고 양팔을 벌렸다. 급정거한 자동차 안에는 흑인부부가 타고 있었다. '웅덩이에 빠진 어린 양을 건져 주소서'라는 간절한 부탁의 응답은 "I will jump(최대한 빨리 가겠다)!"였다. 자동차를 돌리자마자 흡사 추락한 폭격기가 부활한 것처럼 시속 200Km 속도로 순식간 선착장으로 날아왔다. 씩 웃으며 돌아가는 그 젊은 부부가 그날 나의 구세주였다.

미군폭격기추락유적지로 가는 직선도로 전경. 사진 왼쪽에 정글지역 진입표지판이 보임

태평양전쟁 호주의 발진기지 브리즈번

호주중부 해안도시 브리즈번은 세계적 관광명소 골드코스트로 유명하다. 그러나 태평양전쟁 당시 이곳은 맥아더사령부가 위치했고 연합군병력 · 물자 발진기지였다. 시내 중심부에는 전쟁역사기념관(맥아더사령부) · 무명용사추모불꽃과 역대전쟁 참전용사동상들이 있다. 또한 중앙역 지하보도에는 1 · 2차 세계대전 시 수많은 애국 청년들의 자원입대장면 · 전시생활 사진들이 걸려있다. 심지어 시청사 도시홍보관 전시물의 절반 이상이 전쟁역사사진이다. 특히 100년 전 1차 세계대전 시 시청에서 출정대기 하던 병사들의 벽면 낙서까지 복원하여 당시 상황을 관람객들에게 소개한다.

브리즈번 중심가의 무명용사 추모시설. 내부에는 24시간 꺼지지 않는 추모불꽃이 점화되어 있다.

이 관광도시에는 관심을 가지고 보면 육군박물관, 연합군함정 정박 및 주둔지 기념비 등 전쟁유적이 의외로 많다. 해양박물관 역시 전시물 대부분이 해군역사자료들이며 한국전쟁참전 소형 군함도 계류되어 있다. 이처럼 호주인들은 쓰라린 과거 전쟁역사를 기억하며 미래를 통찰하는 지혜를 신세대에게 물려주고자 국가적 차원에서 애쓰고 있었다.

뉴질랜드
New Zealand

신이 숨겨논 축복의 땅 '뉴질랜드', 예외 없이 전쟁유적 산재

신이 마지막으로 숨겨놓았다는 축복의 땅 뉴질랜드! 호주 남동쪽 1,920Km 떨어진 이 나라는 2개의 큰 섬과 부속도서로 된 나라이다. 총면적 26,8만 Km²에 인구는 450만 명에 불과하다. 한반도 1.2배의 국토를 가졌지만 한국 1/12 정도의 사람들만 살고 있다. 지구상 가장 청결한 자연 환경을 가졌고 안보 위협도 없는 뉴질랜드의 연 국민개인소득은 4만2000달러 수준. 현재 이 나라에는 약 3만 명의 교민이 있으며 해마다 수많은 한국 관광객들이 방문하고 있다. 군사력은 현역 8,950명(육군 4,500, 해군 2,050, 공군 2,400)과 예비군 2,200명을 보유하고 있다.

100년 분쟁역사를 거쳐 탄생한 뉴질랜드

인류조상은 약 700만 년 전 아프리카에서 전 세계로 퍼져 나갔다. 하지만 남반구 밑 뉴질랜드는 인간의 발길이 닿지 않은 최후의 섬이

시내 언덕 위의 웰링턴 전쟁기념관 건물 전경

었다. 이 섬은 13세기경 태평양 폴리네시아 군도의 마오리족이 건너와 처음 살기 시작했다. 1642년 네덜란드탐험대가 최초의 유럽인으로 도착했지만 원주민과의 충돌로 상륙을 포기했다. 그 후 1769년 10월 6일, 영국 선장 쿡이 뉴질랜드를 답사 후 영국 국왕의 소유로 선포했다. 1800년대 백인들의 본격적인 이주가 시작되자 이 섬도 약육강식의 살벌한 분쟁의 터로 변했다.

특히 원주민 부족 간 다툼은 창과 칼을 사용한 소규모 싸움에서 화승총(머스킷 총) 유입으로 대량 살육전으로 변했다. 1807년부터 1842년까지 35년 동족상잔(머스킷 전쟁)으로 원주민 인구는 대폭 줄었다. 1845년에는 토지소유권 문제로 또다시 마오리족과 영국군간 전쟁이 발발했다. 1만8,000명의 영국군은 저항군을 섬 끄트머리로 밀어붙였다. 마오리전사 5,000결사대가 필사적으로 항전했지만 결국 무릎을 꿇었다. 27년간 신의 보물단지를 핏빛으로 얼룩지게 한 이 분쟁(1845

'뉴질랜드 전쟁' 당시의 마오리족 방어요새 전경

'뉴질랜드 전쟁'에서 영국군포로가 된 마오리전사들의 모습

~1872)을 '뉴질랜드전쟁"이라고 부른다.

이처럼 인간의 이권다툼은 상호 '윈-윈'하는 협상보다는 대부분 강자의 폭력으로 문제를 해결해 왔다. 이 전쟁의 마지막 전투에서 포로로 잡힌 마오리전사들이 굴비처럼 포승줄로 꽁꽁 묶여있는 사진들을 박물관에서 쉽게 볼 수 있다. '강자의 논리가 곧 법이고 약자는 그 논리에 따를 수밖에 없는 국제사회 현실'을 상징적으로 보여주는 역사적 사건이다.

웰링턴 국립박물관의 갈리폴리 특별전시관

수도 웰링턴은 인구 40만에 불과하지만 매일 17:00시 언덕위의 전쟁기념관에서는 전몰용사들을 추모하는 진혼곡 나팔소리가 울려 퍼진다. 전쟁기념관 전시물 대부분은 제1차 세계대전 자료들이다. 1910

제1차 세계대전 당시 출정하는 뉴질랜드군 장병

국립 뉴질랜드박물관의 갈리폴리전투전시실 입구 전경

년대 뉴질랜드 총인구는 100만 명 수준. 1914년 제1차 세계대전이 발발하자 10만 명의 청장년들이 전쟁터로 나갔고 그 절반이 죽거나 불구가 되었다. 엄청난 전쟁 후유증을 겪었지만 뉴질랜드는 이 전쟁을 계기로 비로소 국가 정체성을 확립했다.

특히 1915년 4월부터 터키 갈리폴리반도에서 뉴질랜드 · 호주 · 영국군과 터키 군이 뒤엉켜 거의 1년 동안 피터지게 싸웠다. 쌍방 사상자는 무려 50만 명. 이 참혹했던 전쟁역사는 웰링턴 국립박물관 '갈리폴리전투전시관'에 상세하게 재현되어 있다. 거의 30분 이상 대기해야 전시관에 들어갈 정도로 관람객이 붐빈다.

웰링턴 이민사박물관은 뉴질랜드 개척역사를 잘 보여준다. 1800년대 대거 이주해온 영국 · 중국 · 인도인들의 생활상이 전시되어 있다. 또한 1940년대 태평양전쟁 당시 이 항구에는 대규모의 미군들이 주둔했다. 자유 분망하고 여유 있는 미군 출현에 웰링턴의 젊은 여성들이 열광했다. 이방인 총각과 본토박이 처녀의 교제가 급격하게 늘어나자 현지 청년들은 분노했다. 수시로 미군과 현지인들 간 주먹다짐이 벌어졌고 양국 정부는 사건해결에 골머리를 앓았다. 이런 전시자료는 본능적인 면에서 인간사회나 동물세계나 전혀 다를 것이 없다는 것을 솔직하게 보여주는 듯 했다.

부상병의 죽음을 슬퍼하는 전선의 뉴질랜드간호사

한국보다 불편한 뉴질랜드 철도 교통

Trip Tips

웰링턴 답사 후 오클랜드행 기차표 예약을 위해 중앙역으로 갔다. 뉴질랜드 철도교통은 한국보다 다소 낙후됐다. 하지만 열차요금은 한국에 비해 거의 3배 수준. 기차표를 받았지만 좌석표는 탑승 전 다시 매표소에 와서 받아야만 한단다. 왜 이렇게 복잡한 절차를 거치는지 외국인들은 이해하지 못했다.

다음날 아침, 일찍 역으로 나갔지만 매표 창구 앞에는 이미 승객들이 긴 줄을 이루고 있었다. 열차 출발시간이 다가와 앞사람에게 양해를 구하고 창구로 급히 가려고하니 '걱정하지 말라!'며 만류한다. 대부분 오클랜드로 가는 승객들이란다. 승강장의 열차는 외관상 낡아보였지만 객차 내부는 깨끗하고 쾌적했다. 한국의 고속열차를 상상했으나 남북종단열차는 무궁화급 속도로 느릿느릿 운행한다. 서울-부산거리보다는 다소 멀었지만 소요시간은 무려 11시간. 시속 300Km 고속열차에 적응된 한국인 시각에서 보면 뉴질랜드시간은 너무나 느리게 가고 있었다.

참전용사가 경험한 한국전쟁과 한강의 기적

창밖의 시원한 바다, 울창한 산림과 목장에 정신이 팔려 한 동안 시간가는 줄 몰랐다. 앞자리 노부부도 필자가 한국인임을 알고 반갑게 대한다. 그들의 한국 이미지는 단연코 "전쟁폐허를 극복한 신화를 남긴 나라"였다. 그 부부의 친척인 윌리엄은 한국전쟁 당시 통신병으로 참전했단다. 그는 휴가 시 폐허화된 서울을 떠나 항상 일본에서 시간을 보냈다. 1953년 한국 근무를 마치고 윌리엄이 부산항을 떠날 때 동료가 "이봐 너무 섭섭해 하지마, 언젠가 휴가를 이 나라로 올 수도 있잖아"하자 주변군인들이 박장대소를 하였다. 그 누구도 산산이 부서지고 찢어지게 가난한 한국으로 다시 오리라고는 상상조차 하지 않았던 것이다.

그러나 윌리엄은 2002년 한국정부 초청으로 다시 서울을 찾았다. 높은 빌딩, 말끔한 거리, 생기발랄한 시민들을 보고 너무나 놀랐다. 특히 참전용사들의 가평 북중학교 장학금 전달행사에서 어린 학생들의 진심어린 감사 인사에 흐르는 눈물을 주체할 수 없었다. 열렬한 한국 팬이 된 윌리엄은 그토록 원했던 한국 재방문을 이루지 못하고 수년 전 세상을 떠났다고 하였다.

100년 전 축성된 오클랜드 땅굴요새!
국립역사 유적지로 보존

인류역사는 곧 전쟁의 역사였다. 대부분의 국가가 전쟁으로 건국했고 전쟁패배로 소멸됐다. 한반도의 우리 선조들 역시 예외는 아니었다. 5000년 역사에서 무려 930여 회의 외침을 당했다. 평균 5년에 한 번 전란에 시달렸다. 그러나 강인한 한민족은 사라지지 않았고 오늘날까지 단일민족의 혼을 이어가고 있다. 세계역사에서 찾아보기 힘든 사례다. 미국 · 러시아 · 영국과 같은 대국으로부터 뉴질랜드 · 룩셈부르크와 같은 소국에 이르기까지 역사박물관 전시물은 대부분 전쟁으로 시작해서 전쟁으로 끝났다. 그 전쟁은 무자비했고 수단 · 방법을 가리지 않았다. 이런 살벌한 약육강식의 무대에서 '평화'를 구걸하기보다는 유비무환의 자세로 당당하게 전쟁을 미리 준비한 민족만이 현재까지 살아남았다. 세계 60여 개국의 격전지와 군사박물관을 직접 답사하고 필자가 내린 결론이다.

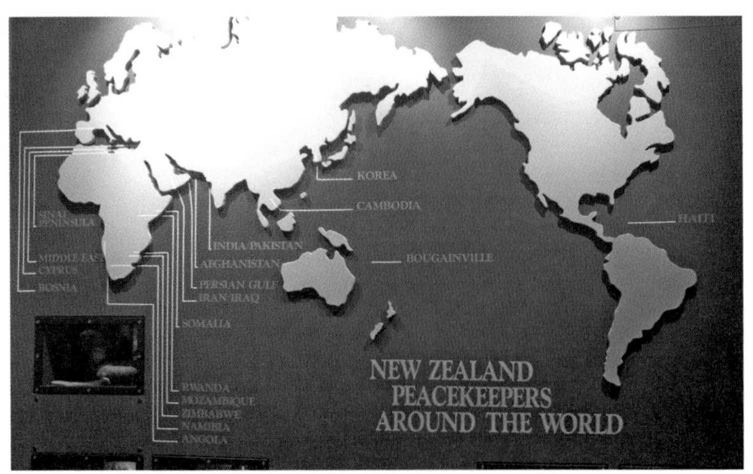

뉴질랜드군의 PKO 활동 파병국가 지도

오클랜드 한국 교민의 조국에 대한 자부심

뉴질랜드인구의 1/3 정도인 170만 명이 모여 사는 항구도시 오클랜드! 깨끗하게 정돈된 시내에는 의외로 한글 간판이 많다. 슈퍼마켓에는 예외 없이 한국 식품들이 있고, 가격 또한 비싸지도 않다. 상점에서 만난 교민 K씨 왈, "세일기간에는 한국보다 더 저렴한 가격으로 라면 · 햇반을 살 수 있다."라고 한다.

그는 30여 년 전 뉴질랜드로 건너왔다. 한국인 특유의 근면함과 성실성으로 현재는 안정적인 삶의 기반을 갖추었다. 영주권자인 그는 아내와 동시에 노후연금을 받고 있다. 지금은 낚시와 골프로 소일하고 있지만 가끔씩은 숨가쁜 한국사회가 그립기도 하단다. 또한 선진국으로 도약한 한국 덕분으로 뉴질랜드 교민의 사회적 위상은 한층 더 높아졌다고 한다. 모국의 국격에 따라 해외이민자의 대접도 다른 듯했다.

'데번포터 반도' 군사요새에서 본 오클랜드 항구

뉴질랜드군 참전 과정과 1950년대의 한국

높은 언덕위의 '오클랜드박물관'은 역사 · 문화 · 예술 · 사회분야를 망라한 종합박물관이다. 하지만 전시물의 1/4 이상이 전쟁역사기록이다. 뉴질랜드와 한국의 최초 인연은 1950년 6 · 25전쟁으로 맺어졌다. 뉴질랜드는 유엔으로부터 지상군 파병요청을 받았다. 파병부대원 1,000명 모집에 5,982명의 지원자가 몰려들었다. 엄선된 청년들에게 포병교육을 완료한 후 장교 38명, 사명 640명으로 제16야전포병연대를 창설했다. 더불어 해군 프리깃함(호위함) 2척도 미 극동해군사령부 지휘 하에 참전했다. 파병 연인원 3,794명 중 전사 23명, 부상 79명, 실종 1명의 피해가 있었다.

참전 장병들 중 원주민 마오리족도 많았다. 이들은 이국땅 전선에서 고향을 그리워하며 전통 민요를 부르곤 했다. 이 애달픈 곡조에 가사

1차 세계대전기념관으로 최초 건립된 건물이 현재는 오클랜드박물관으로 활용되고 있다.

오클랜드박물관 한국전쟁 전시관 전경

를 붙여 만든 노래가 바로 "비 바람이 치던 바다 잔잔해져 오면…"으로 시작되는 '연가'이다. 남태평양의 마오리족 민요는 이처럼 전쟁을 통해 한반도로 건너왔다.

한국전쟁 당시 뉴질랜드군 병영내의 하우스보이 모습

오클랜드박물관 한국전쟁전시실의 참전군인 그루펜 씨 증언록은 1950년대 한반도 상황을 이렇게 언급했다. "1951년 3월, 내가 본 한국은 거리마다 부모 잃은 고아들로 넘쳐났다. 우리는 갈 곳 없는 아이들을 데려와 하우스 키퍼로 활용했다. 굶주림 만 해결해 주어도 온갖 궂은 일을 그들이 다 해치웠다. 또한 가족을 먹여 살리고자 몸 파는 여성들이 항상 부대 주변에 몰려들었다. 야전식량 한 봉지에 그들의 자존심은 쉽게 땅에 내려졌다."

그리고 반세기의 세월이 흘렀다. 오늘날 오클랜드시내에는 수많은 한인 교포 · 유학생 · 사업가들이 활보하며 "I am Korean!"을 당당하게 외친다. 한인 단체관광객들이 빠짐없이 들리는 곳 역시 오클랜드박물관이다. 이들이 한국전쟁 코너를 보면서 전쟁폐허를 극복하고 '한강의 기적'을 이룬 위대한 대한민국 현대사에 대해 무한한 자부심을 가졌으면 하는 마음 간절했다.

'데번포터 반도' 군사요새의 장거리 해안포

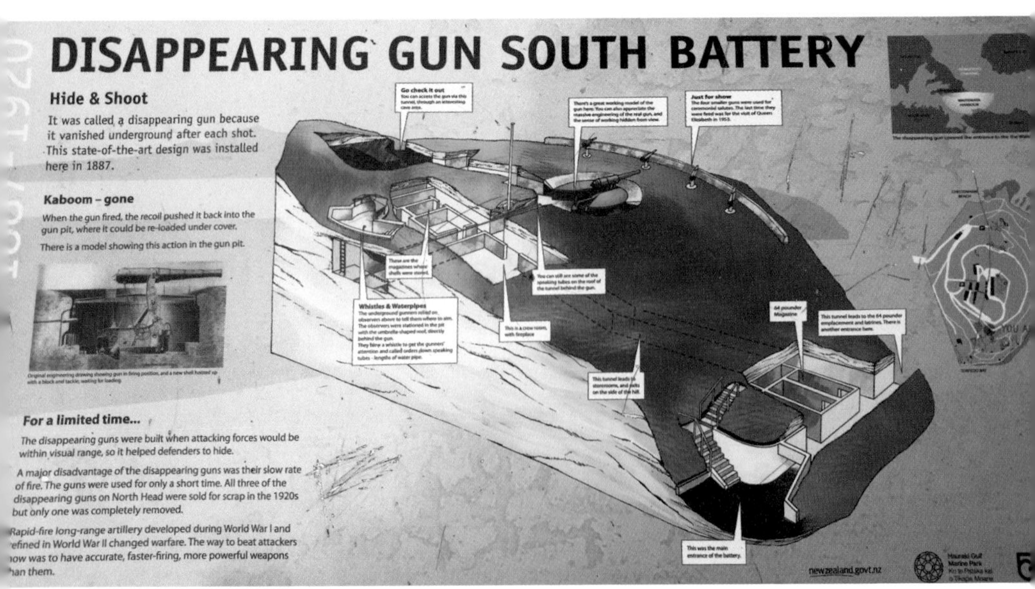

'데번포터 반도' 해안포대 요새 조감도

100년 전 축성된 오클랜드 항만 땅굴요새

오클랜드항 수로는 길쭉한 반도와 작은 섬들로 둘러싸여 있다. 특히 항만 건너편 '데번포터(Devonport) 반도'에는 전몰장병묘역 · 해군박물관이 있고, 120년 전부터 단계적으로 축성된 군사시설들이 무수히 남아 있다. 해군박물관은 1 · 2차 세계대전 해상 전투 실상을 생생하게 보여준다.

제2차 세계대전 중 북대서양에서 독일전함 비스마르크호를 격침시키는데 뉴질랜드 해군함정이 결정적 역할을 해단다. 당시 적 포탄이 이 함정 옆구리를 뻥 뚫었다. 천만다행으로 불발탄이었다. 그 물증으로 찌그러져 떨어져 나간 함정 철판을 전시해 두었다.

해군박물관 뒷산은 국가전쟁 유적지로 지정되어 있다. 이곳은 1800년대 말부터 땅굴요새를 건설하여 장거리해안포 8문과 소구경화포들을 배치했다. 세계대전을 거치면서 보강된 요새와 주변 섬의 벙커는 일본군 상륙기도를 사전 차단했다.

전쟁역사보다는 관광 명소에 관심 많은 여행객

땅굴요새 답사 후 언덕을 내려오면서 태극기가 휘날리는 단독주택을 발견했다. 한국 교민의 집으로 생각하고 쪽문에서 큰소리로 주인을 불렀다. 순간 송아지만 한 큰 개 2마리가 으르렁거리며 달려 나왔다. '물러서면 다친다.'는 생각이 번쩍 들었다. 서양개들은 덩치는 커지만 대체로 순하다는 것을 믿는 수밖에. "Nice Doggy! Nice Doggy!"를 외치며 사랑스러운 눈빛으로 개머리를 쓰다듬었다.

킁킁 거리며 계속 주변을 돈다. 적대의사가 있다면 공격할 자세다. 이때 뜻밖에 집주인 뉴질랜드인이 나타났다. 태극기 사연은 '평창 동계올림픽 축하와 한반도 평화기원'의 의미란다. 세계역사에 관심 많은 주택주인은 100여 개의 국기를 가졌으며 필요시 해당국의 국기를 게양한단다. 2014년 러시아의 크림반도 침공 시 의도적으로 러시아국기를 거꾸로 매달았다. 당연히 러시아 여행객들로부터 거센 항의를 받았지만 불법 침공을 반박하는 기회를 가졌다고 한다.

오클랜드로 돌아오는 선상에서 많은 한국 여행객들을 만났다. "선생님! 역사공원에서 항구를 보니 경치가 참 좋죠. 혹시 시내 재래시장 위치를 모릅니까? 그 나라를 알려면 이름난 관광 명소를 가보아야 하는데…" 똑같은 군사 유적지를 돌아보았지만 전쟁역사에 무관심한 사람들은 오직 뉴질랜드의 아름다운 자연경관만을 기억할 뿐이었다.

평창 동계올림픽 축하를 위해 민간주택에 게양된 태극기

아시아

인 도

India

양국 응원전 속의 희한한 인 · 파 국경 국기강하식

남부 아시아의 인도는 1857년 무굴제국이 멸망한 후 영국식민지로 편입되었다. 1947년 8월 15일, 인도는 영국지배를 벗어나면서 힌두권인 인도와 이슬람권인 파키스탄으로 분리 독립하였다. 인도는 파키스탄과 3차례, 중국과는 1차례 전쟁을 치렀다. 현재도 카슈미르지역 영유권 문제로 파키스탄과 수시로 갈등을 빚고 있다. 인도 인구는 13억 6천만 명(세계 2위)이며 국토면적은 329만Km^2로 한반도의 15배에 달한다. 언어는 영어 외 15개의 공용어가 있으며 연 국민개인소득은 1,500달러수준이다. 군사력은 현역 1,395,100명(육군 1,200,000, 해군 58,300, 공군 127,200, 해안경비대 9,550), 준군사부대 1,403,700명을 보유하고 있다.

뉴델리 '인디아 게이트'와 간디기념관

인도수도 뉴델리 중심부에 일직선으로 길게 뚫린 도로 끝의 웅장

뉴델리 전몰용사 추모탑 '인디아 게이트' 전경

한 인디아 게이트(India Gate)는 이 도시의 상징물이다. 이 건축물은 1,2차 세계전쟁 · 인파전쟁에서 전사한 군인들을 위한 추모탑이다. 높이 42m 아치형 구조물에는 수십만 전사자 이름이 새겨져 있다. 근처 공터에는 2020년 완공 예정인 인도군사박물관 공사가 한창이다.

또한 시내의 간디 · 네루기념관에는 인도 근 · 현대사와 독립과정이 잘 정리되어 있다. 1918년 제1차 세계대전은 끝났지만 영국의 수탈은 더욱 심해졌다. 마침내 1920년 8월, 인도 국민회의 지도자 간디는 비협력 · 비폭력운동을 선언했다. 민중에게 호소한 지침은 "다른 사람을 해치지 말라. 적에게 친절하라. 음주 · 마약 · 도박을 근절하라. 각자가 물레를 돌리고 외국산 옷감을 입지 말라."는 것이었다. 간디 호소에 많은 민중들이 동참했고 결국 인도는 식민지에서 벗어날 수 있었다. 간디기념관과 묘역은 매일 같이 수많은 학생들과 관광객들이 찾는다. 특히 간디의 유일한 유산인 '지팡이 1개와 낡은 신발 1켤레'는 진정한 지도자의 표상처럼 보였다.

뉴델리 간디기념공원 정문의 간디동상

3차례 인 · 파전쟁을 증언하는 공군박물관

1947년 독립 시부터 인도 · 파키스탄은 전쟁불씨를 안고 있었다. 영국은 종교 갈등을 최대이용하면서 '분할지배' 방식으로 거대한 인도를 식민통치해 왔다. 결국 양국의 인위적 분할은 수백만 민족 대이동을 수반했고 그 과정에서 두 종교간 엄청난 혈전이 벌어졌다.

뉴델리 국제공항 근처에 3차례의 인도 · 파키스탄전쟁을 생생하게 보여주는 공군박물관이 있다. 이 도시 유일의 군사박물관이지만 찾아가기가 쉽지 않다. 1947년 7월부터 1949년 1월까지 국경지역에서 제1차 전쟁이 있었다. 파키스탄지원을 받은 무장 부족의 인도령 카슈미르 공격과 양국 정규군간 전투가 있었으나 UN중재로 겨우 휴전하였다.

1964년에는 인도 · 중국 간 히말리아의 영유권 전쟁이 일어났다. 인도가 전쟁에 휩싸이자 1965년 8월, 파키스탄이 인도 뒤통수를 내리치는 제2차 전쟁을 일으켰다. 이 전쟁은 파키스탄–중국, 인도–소련

뉴델리 공군박물관 항공기전시장 전경

이 외교적으로 밀착되는 계기가 되었다. 1971년 12월 3일, 방글라데시 독립으로 제3차 전쟁이 발발했다. 파키스탄공군은 중동전쟁 시 이스라엘의 전격전을 본떠 석양을 이용하여 인도 공군기지를 기습했다. 그러나 파키스탄 공군실력은 한계가 있었다. 튼튼한 격납고 속의 인도전투기를 격파할 수 없었고, 어두움으로 재출격기회조차 잃었다. 더구나 인도의 소련제 조기경보통제기(AWACS)는 450Km 거리에서 이미 적기활동을 낱낱이 지켜보고 있었다.

국경도시의 분단박물관과 시크교 황금사원

뉴델리에서 기차로 14시간 걸려 북부 국경도시 암리차르에 도착했다. 이 도시의 분단박물관은 1947년 대규모의 인구이동 과정을 자세하게 설명한다. 인위적 국경설정으로 힌두교인은 인도로, 무슬림은 파키스탄으로 삶의 터전을 버리고 대대적으로 이주 했다. 이웃은 증오의 대상으로 변했고 마을이 불타고 상점은 약탈당했다.

암리차르의 시크교 성지 황금사원 전경

또한 이곳에는 시크교도 성지 '황금사원'이 있다. 성지출입 시에는 발을 깨끗이 씻고 맨발로 들어가야 한다. 하얀 건물 옆의 넓은 호수에는 시크교도들이 물속에 들어가 회개기도를 드린다. 곳곳에 터번을 쓰고 창을 든 안내병사들이 관광객들에게 순례자 급식소에서 점심까지 함께 할 수 있다며 친절하게 알려준다. 그러나 이때 먹은 공짜음식이 대형 사고를 일으킬 줄이야….

양국 응원전 속의 희한한 국기강하식

암리차르에서 자동차로 30분 거리의 '와가' 국경검문소에서는 매일 17:00 인도 · 파키스탄군의 희한한 국기강하식이 시작된다. 철책선 양쪽에서 수천 명의 응원단이 경쟁적으로 소리치며 상대편을 자극한다.

인도군 진영에서 190Cm 신장의 늘씬한 여군 2명이 기관단총을 비껴 매고 당당하게 국경철문 앞으로 나간다. '인도는 여군만으로도 파키스탄을 제압할 수 있어!'라는 분위기 조성이다. 뒤이어 닭벼슬 군모

인 · 파 국경검문소 국기강하식 참관 인도측 관광객

인 · 파 국경검문소 국기강하식 전경. 건너편 파키스탄측 관광객들이 보임

국경검문소 인도 의장병들의 제식동작

암리차르 인 · 파 전쟁기념관 상징 조형물

를 쓴 의장병들이 다리를 쭉쭉 뻗으며 행진하고 광장형도로 안에서는 관람객들의 춤판까지 벌어진다. 건너편 파키스탄 진영에서도 뒤질세라 검은 군복의 의장병들이 응원단의 광기어린 함성 속에서 군화 발을 땅에 쾅쾅 찍으며 철문에 다가선다.

17:;00 정각, 철문이 열리자 본격적으로 '상대편 기죽이기 시합'이 펼쳐진다. 양측 병사의 팔 알통자랑, 머리끝까지 다리 치켜 올리기, 괴성으로 귀신흉내 내기 등등. 드디어 국기강하가 끝나면서 양측 병사의 '번개악수'가 있었다. 사실 악수가 아니라 순간적으로 상대 손바닥을 힘껏 친다. 방심하다 넘어지면 국가가 쓰러지는 것이다. 이 병사들은 틈만 나면 아귀힘을 기르는 훈련을 했으리라.

암리차르 행 국도 옆에는 인 · 파전쟁기념관이 있다. 하늘 높이 솟아있는 긴 칼 조형물은 양국 간 그칠 줄 모르는 분쟁역사를 상징하는 듯했다. 숙소로 돌아오니 아랫배가 살살 아파온다. 화장실을 들락날락하면서 지독한 '인도설사병'임을 알게 되었다. 비상구급약을 먹어도 통제 불능이다. 나중에는 오한까지 따라와 두툼한 잠바를 입어야만 했다. 황금사원의 순례자 급식이 문제인 것 같았다. '공짜가 항상 좋은 것만은 아니다'는 사실을 인도답사 내내 뼈속 깊이 새겨야만 했다.

분쟁의 땅 카슈미르 테러, 전 인도인 분노의 분길에 싸이다

인도는 주변국 파키스탄 · 중국 · 네팔 · 부탄 · 방글라데시 · 미얀마 · 스리랑카와 약 15,200Km의 국경을 접하고 있다. 3면 바다는 동에는 벵골만, 서는 아라비아해, 남으로는 인도양으로 약 7,516Km의 긴 해안선을 가졌다. 핵보유국 인도는 미국 · 러시아와의 군사 · 외교적 유대강화를 통해 전쟁억제 능력을 한층 더 강화하고 있다. 특히 북부 카슈미르 국경지역은 파키스탄 · 중국과의 끊임없는 갈등으로 수시로 테러가 발생한다. 인도는 광대한 국토에 걸쳐 상이한 종교, 극심한 빈부격차, 높은 문맹률, 전근대적 신분제도 등 이질성과 다양성을 갖춘 복합적인 사회이다. 하지만 최근 많은 한국 기업들이 인도로 진출하면서 우리에게는 기회의 땅으로 성큼 다가오고 있기도 하다.

인도인을 분노시킨 카슈미르 테러사건

2019년 2월 14일, 이슬람무장단체 자살특공대가 카슈미르에서 이

아그라 관광지 근처 골목의 인도인들이 섬기는 소들이 누워 있다

인도 자이푸르 근교의 시외버스 모습

동 중인 인도경찰차량으로 돌진했다. 무려 46명의 경찰관이 순식간에 목숨을 잃었다. 테러단체를 지원했다고 의심되는 파키스탄 응징을 요구하는 시위로 인도 전역이 들끓었다. 어린 학생들로부터 시민단체까지 거리로 쏟아져 나오고 언론은 연일 테러사건을 대대적으로 보도했다. 2월 26일 03:30분, 인도 미라지 전투기편대가 응징 차원에서 파키스탄 '바라코트' 테러리스트 캠프를 폭격하여 200-300명을 살상했다. 다음 날에는 파키스탄 F-16전투기의 인도 공습으로 양국 간 공중전까지 벌어졌다.

문제의 땅 카슈미르분쟁은 1947년부터 시작되었다. 당시 영국총독은 각주의 자유의사로 인도 혹은 파키스탄을 택하도록 했다. 대부분 무슬림이 거주하는 캬슈미르를 인도는 지역 실세들을 회유하여 상당지역을 영토로 편입시켰다. 이후 수차례의 전쟁을 치렀지만 인도군이 승리했다. 90% 산악인 이 지역면적은 한반도와 비슷한 22만 Km^2. 현

카슈미르 테러사건 규탄시위에 참가한 인도학생들

인도 타지마할 부근의 아그라성 입구 전경

재 주민은 파키스탄령에 380만, 인도령에 820만 명이 살고 있다.

치열한 경쟁을 통해 선발되는 인도군 병사

알리(Ali)는 뉴델리 여행사의 관광안내자 겸 운전기사이다. 고향은 인도남쪽 뭄바이근교 시골인데 아내가 시어머니를 모시면서 4자녀를 키우고 있다. 새벽부터 밤늦게 까지 일한 후, 그는 회사 차량 안에서 잠을 잔다. 뉴델리의 높은 방값을 자신 급여로는 감당이 불가하단다. 매달 아내에게 꼬박꼬박 송금하면서 교통비가 아까와 1년에 1-2번 집에 가곤 한다. 고교 졸업 후 수차례 군에 자원입대하려고 했지만 번번이 낙방했다. 불합격의 결정적 요인은 'O 다리'였다. 하지만 사회적 배경이나 인맥으로 입대하는 경우도 허다하단다. 인도군 병사급여가 자신의 월급보다 월등히 높다고 한다. 군에 관심 많은 그는 뉴델리 군사시설 및 훈련소 위치, 장병 특혜 등에 대해 소상하게 알고 있었다. 심지어 동절기 혹한 · 강설로 모든 보급이 중단되는 카슈미르 주둔 병영생활까지 이야기한다. 인구 13.6억에 140만 병력을 유지하다보니 정병육성이 가능한 것 같았다. 알리 설명을 듣고서야 국경지역에서 만난 인도군 병사들이 한결같이 체격이 좋고 당당했던 이유를 알 수 있었다.

인도북부 '골든 트라이앵글'의 군사역사유적

인도북부 델리를 포함하여 남서부의 '아그라', '자이푸르' 관광명소를 '골든 트라이앵글'이라고 부른다. 의외로 이곳에는 관광지 외 근대 성곽, 식수저장시설, 무기전시관들이 많이 있다.

'올드 델리'는 BC 3,000년경에 존재했다는 전설속의 도시 '인드라프라스타'를 기원으로 생겨났다. 무굴제국시대 수도를 아그라에서 델리로 옮긴 후, 인도 중심도시로 부상했다. 특히 17-19세기에 축조

아그라의 관광명소 타지마할 전경

자이푸르 교외의 암베르 성 전경. 사진왼편에 계단식 식수공급시설이 보임

된 견고한 붉은 요새성곽은 세계문화유산에 등록되어 있다. 성곽외부 10m이상의 깊은 해자, 15-20m 높이의 2중 · 3중의 성벽은 완벽한 방어거점이다. 또한 구도심에는 적 포위전에 대비 수백 년 전에 만든 거대한 식수저장탱크까지 있었다.

인도 옛 수도 아그라는 뉴델리에서 기차로 3-4시간 걸리는 남쪽에 위치한다. 이곳에는 세계에서 가장 아름다운 건축물이면서 7대 불가사이에 속하는 타지마할이 있다. 순백의 대리석건물은 태양각도에 따라 하루에도 수십 번씩 빛깔이 달라진다. 무굴황제의 부인 '뭄타즈 마할' 추모 무덤인 이 건물은 이탈리아 · 프랑스 기술자와 2만 노동자가 22년 공사 끝에 1648년 완공했다. 특히 주변 12개국에서 인력으로 운반해온 다양한 고급 자재를 사용할 정도로 무굴제국은 강대했다.

트라이앵글의 서쪽 꼭짓점 '자이푸르'에는 인도의 대표적 산성왕궁인 암베르 성이 있다. 험준한 산꼭대기의 왕궁 방어를 위해 주변 산

능선을 따라 만리장성 같은 견고한 성벽을 축성했다. 특히 왕궁은 고지 하단부의 넓은 연못에서 계단식 급수시설로 물을 끌어올려 장기전이 가능토록 설계되어 있었다.

이처럼 선조들의 찬란한 역사유적을 가졌지만, 오늘날 인도는 너무나 낙후되어 있다. 폐차장으로 가야할 것 같은 낡은 시외버스는 승객들을 짐짝 취급한다. 콩나물시루처럼 빼꼭히 서있는 승객사이를 차장은 용케도 비집고 다니면서 차비를 받는다. 운전기사까지 기막힌 곡예 운전으로 승객들을 구석으로 밀어 넣으면서 차장이동을 도와주곤 하였다.

오지 체험도 불사하는 열정적인 한국 여행객

자이푸르에서 멀지 않은 인도 서북쪽에 '푸쉬카르'라는 조그마한 촌락이 있다. 큰 호수를 중앙에 둔 이 마을은 인도 7대 성지 중의 한 곳이다. 매년 축제기간에는 힌두교 순례자와 관광객으로 북새통을 이룬다. 소떼들까지 곳곳에 비치된 여물통에서 느긋하게 만찬을 즐긴 후 순례에 동참한다. 하지만 호수 주변에 쌓여있는 소 배설물들이 신성한 호수를 오염시킬 것 같아 염려되었다.

마을 전체를 조망할 수 있는 야산 케이블카 승강장에서 10여 명의 한국인들을 만났다. 여행사가 숙소예약, 길잡이 지원만을 하는 자유여행팀이다. 인근 사막에서 낙타여행 후, 네팔-부탄을 거쳐 파키스탄으로 갈 예정이란다. 또한 마을 전통시장에서는 배낭여행 한국 학생들도 수시로 보였다. 과거에는 상상치도 못했던 세계 오지체험까지 즐기는 열정적인 한국인들을 보면서 대한민국의 국력신장을 다시 한 번 느낄 수 있었다.

힌두교 성지 푸쉬카르 호수주변의 마을 전경

푸쉬카르 인근 사막 낙타여행 마차

방글라데시

Bangladesh

세계 최빈국 방글라데시, 독립전쟁시 300만 양민 희생

방글라데시는 인도 북동부에 있는 세계 최빈국이다. 최초 인도에 속해 있던 이 지역은 1947년 8월 15일 영국에서 독립할 때 동파키스탄으로 분리되었다. 그 후 1,500Km나 떨어진 서파키스탄(현 파키스탄)으로부터 정치적 차별을 받아오다가 1971년 3월 26일 유혈 전쟁을 통해 독립했다. 국토면적 14.4만 Km^2, 인구 1억6천 만 명으로 세계에서 인구밀도(1237명/Km^2)가 가장 높으며 연 국민개인소득은 1700달러 수준이다. 국토 대부분이 낮은 평지로 우기 하천범람 시 전국의 2/5가 물에 잠기기도 한다. 한국 교민 1,000여 명은 대부분 수도 다카(Dhaka)에 거주한다. 군사력은 현역 157,050명(육군 126,150, 해군 16,900, 공군 14,000), 준군사부대 69.000명을 유지하며 모병제를 시행하고 있다.

대영 독립투쟁 시 영국군에게 포로가 된 벵골인 저항군

방글라데시의 열악한 교통 주거 환경

다카 국제공항은 대부분 현지인들로 북새통을 이루며 외국인은 찾아보기 힘들다. 입국행렬 속에서 시골 장터 촌닭처럼 주변을 두리번거렸다. 서류가방만 든 단정한 복장의 동양인이 눈에 띄었다. "혹시 한국인 아니신지…" 그는 30년 동안 이곳에서 사업을 하는 한국인 K씨였다. 그 분 역시 배낭 한 개 달랑 매고 나타난 필자를 보고 깜짝 놀란다. 첫마디가 "아니 아무 볼 것 없고 위험한 이 나라에 어쩐 일로…"

비자발급으로 한참 시간이 지나 혼자서 터미널로 나가니 K씨가 기다리고 있었다. 단독 행동은 위험할 것 같아 회사 차량으로 숙소까지 데려다 주겠단다. 자동차 안에서 살벌한 이야기를 쏟아 놓는다. '한국 여행객 2명이 택시강도를 당해 겨우 목숨을 건진 사례부터 야간 외출 절대금지 등' 주의사항이 끝이 없다. 과장된 엄포처럼 느껴졌지만 '안전에 유의하라'는 고마운 충고로 받아드렸다. 그 순간 창밖에 승객 · 보따리를 지붕 위에 잔뜩 실은 열차가 지나간다. 눈을 의심하며 한국 전쟁 당시 피란열차위의 난민들이 터널통과 시 많은 사람들이 추락사 한 사례를 들며 그 위험성을 K씨에게 물었다. 이런 피란열차(?)가 이 나라에서는 일반화 되어 있지만 다행히도 평탄한 지형으로 터널이 거의 없다고 한다.

Trip Tips

하지만 예약 호텔 화장실에 들어가는 순간 남의 피를 빼앗아 가려는 '곤충강도' 모기떼 습격을 받았다. 살충제로 방안 커튼 뒤 강도 집결지(?)를 우선 소탕하고 침대 밑, 옷장뒤 등 구석구석 점검했다. 풍토병 뎅기열, 말라리아는 체류 간 내내 신경 써야만 했다.

전쟁 · 자연재해 · 빈곤으로 고통 받는 민초들

숙소에서 예약해준 '우버택시'로 시내에 나가니 오토릭샤, 찌그러진 버스, 화물 · 승객이 혼재된 트럭으로 아수라장이다. 빵빵거리는 경적 소리, 죽기 살기로 밀고 들어오는 자동차로 정신이 없다. 잠시 택시가

다카시내 운행 중인 개조된 2층 버스

서면 구걸하는 아이들과 갓난아기를 안은 여자가 어김없이 창문을 두드린다. 그 순간 자동차 틈 사이에서 갑자기 리듬체조 소녀가 나타났다. 힘껏 훌라후프를 하늘로 던진 후 공중제비를 두어 번 돌고서 귀신같이 낚아챘다. '저 아이가 한국에서 태어났다면 제2의 김연아가 될 수도 있었을 건데…' 창의적 방법으로 묘기를 보여주고 손을 내밀었지만 관객 반응은 싸늘하다. 하지만 이 나라도 1970년대 이전 우리나라보다 경제적으로 더 잘 살았다고 한다.

방글라데시의 경제적 궁핍 배경은 역사박물관을 살펴보면서 쉽게 이해할 수 있었다. 특히 이곳에는 이들에게 '꿈의 나라'로 인식되고 있는 대한민국 전시실도 별도 있다. 1757년 영국은 벵골지역을 포함한 인도전역을 식민지화하였다. 200여년의 식민통치가 끝나고 1947년 서파키스탄과 상이한 종족 · 언어에도 불구하고 종교적 공통점으로 인해 같은 나라로 독립했다. 1970년 12월, 동파키스탄 독립을 주장하는 '아와미연맹'이 총선에서 압승하였으나 서파키스탄은 국회개회를 무기한 연기하였다. 이 사건을 계기로 1971년 3월 26일, 독립선언과

다카 독립기념공원의 전몰용사 추모불꽃

동시에 서파키스탄과의 전쟁이 발발했다.

질곡의 역사를 보여주는 독립기념관

다카시내 중심부의 넓은 공원지하에 독립전쟁전시관이 있다. 특별한 유물은 없고 주로 기록사진들이 있다. 1971년 독립전쟁 시 서파키스탄군은 저항하는 벵골인을 무자비하게 진압했다. 300만 양민이 학살되고 9만 명의 여성들이 겁탈 당했다. 수십만 벵골인들이 필사적으로 인도로 탈출했다. 1971년 12월 3일, 인도군 개입(제3차 인도-파키스탄 전쟁)으로 서파키스탄은 2주간의 전투에서 대패하면서 항복했다. 하지만 피 흘려 건국한 신생국은 정치지도자의 무능함, 18번에 걸친 군부 쿠데타로 국가 발전은 커녕 세계 최빈국으로 전락했다.

방글라데시는 어느 곳에 가도 사람들이 많다. 드문드문 나무만 심어진 공원 안도 인산인해다. 청소년들이 잔뜩 모여 떠드는 곳을 파고들어 고개를 쭉 내밀어보니 극히 단순한 투호놀이를 하고 있었다. 외국인임을 알아보자 너도나도 사진을 같이 찍자고 한다. 심지어 아이들과 함께 온 가족들까지 몰려왔다. 이 나라와 비슷한 식민지 · 전쟁을 경험한 대한민국이 세계 10대 경제강국으로 부상한 것은 기적의 역사였음이 틀림없었다.

국립 다카대학 학생 · 교수의 독립투쟁사

어느 국가나 '대학생 의식수준'이 그 나라 미래를 결정한다. 방글라데시 독립전쟁 시 국립다카대학교의 수많은 교수 · 학생들이 자발적으로 참전했다. 1921년 설립된 이 대학은 '동양의 옥스퍼드'로 불렸다. 오늘 날 33,000명의 학생과 1,800명의 교직원을 가진 방글라데시 최고의 대학이다. 각 단과대학별로 건물들이 흩어져 있지만 예술대학

다카 독립기념공원의 지하전시관 전경

독립기념공원 안에서 투호놀이 중인 청소년

독립전쟁 시 전사한 다카대학 교수 · 학생 추모비석

다카대학교 미술대 학생들이 헌정한 독립전쟁기념동상

정문과 교내에 독립전쟁 추모비와 기념동상이 있었다.

교내에서 미술전공 3학년 학생 2명을 만났다. 역사에 관심이 없을 것 같았던 이들은 조국의 독립투쟁사에 대해 소상하게 알고 있었다. 추모비석에는 독립전쟁 시 전사한 수백 명의 다카대학 교수 · 학생 명단이 적혀 있단다. 특히 예술대 본관 앞에 총을 든 기념동상은 후배 학생들이 직접 제작하여 헌정하였다고 한다. 비록 후진국의 대명사가 된 방글라데시이지만 미래 국가지도층을 꿈꾸는 명문 대학생들 만큼은 확실한 애국심과 소명감을 가지고 있었다.

최상위 수재 집단, 여자 군사고교 생도 교육현장

세계 최빈국 방글라데시는 유엔자료에 의하면 1시간에 28명의 어린이가 죽고 극빈 · 굶주림 속에서도 매일 3,000명의 신생아가 태어난다. 해마다 홍수 · 사이클론으로 하천 범람은 일상화 되어 있다. 1987년에는 전국의 75%가 물바다가 되었다. 1971년 독립 이후 함량 미달인 정치지도자들의 좁은 안목으로 사회 혼란은 계속되었고 빈부격차는 더욱 벌어졌다. 1990년대 초 민주정권이 들어섰지만 실업률은 거의 50%에 달한다. 하지만 이런 사회 혼란 속에서도 방글라데시는 수도 다카에 군사박물관, 공군박물관, 독립역사기념관, 독립기념공원을 건립하였다. 특히 국가자긍심 고취, 군의 위상 강화를 위해 군사 및 공군박물관은 대규모 신축공사가 진행 중이다.

한국 교민이 말하는 방글라데시 노동자의 삶

호텔 아침은 통상 뷔페식당으로 몰려오는 손님들의 수다로 시작된

독립전쟁 참전 방글라데시 여성들의 분열 전경

독립전쟁 시 인도로 탈출한 수백만 난민들의 토관 생활 전경

다. 다른 투숙객들과의 만남을 상상하고 식당으로 갔으나 아무도 없었다. 대신 종업원이 메뉴판을 내민다. 식수인원이 한 사람 뿐이라 부득이 주문을 받는다고 한다. 찬찬히 호텔주변을 돌아보니 출입구의 거대한 철창 옆에는 24시간 경비원이 앉아 있다. 결국 그저께 만난 K씨 도움으로 한인 민박집으로 숙소를 옮길 수밖에 없었다.

민박집 주인 J씨는 1980년대 방글라데시로 이주하여 봉제공장을 차렸다. 100여명 종업원의 인건비가 워낙 저렴해서 그럭저럭 회사운영은 잘 되었다. 2006년 기준 다카에는 2,500개 공장에서 180만의 노동자들이 일했다. 90%가 여성들이었고 이들의 평균 월급은 14달러에 불과했다. J씨 회사 여공들의 절반이 점심을 굶으며 수돗물로 배를 채웠다. 오후 작업시간에 쓰러지는 어린 소녀들이 속출했다. 급기야 회사는 직원들에게 무료 점심을 제공하기도 했다.

그는 현재 의류사업을 접고 한인식당과 여행자 민박집을 운영하고 있다. 아파트 2개 층을 개조하여 살림집과 방문자 숙소로 만들었다. 민박집 운전기사 · 청소부 · 요리담당 현지인 급여는 월 100달러 수준. 한인식당에도 별도의 종업원들이 있었다. 이처럼 세계 구석구석으로 나간 한국인들의 개척정신과 근면함이 대한민국을 선진국으로 우뚝 서게 한 밑거름이 된 것 같았다.

방글라데시 독립전쟁과 적극적인 PKO활동

시내 중심부의 군사박물관은 대대적인 신축공사로 어수선하다. 야외에는 소련제 야포 · 탱크 · 군용차량이 늘어서 있으며 임시건물의 실내전시관은 독립전쟁과 PKO자료들이 많았다.

1971년 3월 25일, 동파키스탄의 정치적 자유요구를 서파키스탄이 거부하면서 유혈충돌이 최초 벌어졌다. 정부군을 이탈한 벵갈출신 군

PKO 활동 중인 방글라데시군

방글라데시군이 PKO로 파병된 국가들의 국기

인 · 경찰들이 '해방군'을 결성했다. 전국토가 전쟁터로 변하자 800만 난민들이 인도로 탈출했다. 인도정부가 난민문제해결은 방글라데시 독립 이외에는 대안이 없다고 판단하였다. 11월 21일, 인도군 20만 병력이 벵갈지역으로 진격했다. 12월에는 벵갈만에 항공모함을 투입하여 서파키스탄군을 공격했다. 뒤이어 1,500Km 떨어진 인 · 파 국경 캐시미르에서도 전쟁 불똥은 튀었다. 이것이 제3차 인 · 파 전쟁이다. 1971년 12월 17일, 서파키스탄군은 항복했고 방글라데시는 독립국가로 탄생했다.

박물관공사장 경비책임자 모하드는 헌병부사관으로 전역했다. PKO 요원으로 이라크 · 쿠웨이트에서도 근무하였다. 연인원 13만 명의 방글라데시군이 PKO로 파병되었다. UN기금으로 지원되는 PKO의 높은 급여가 방글라데시인들에게는 큰 매력이라고 하였다.

여자 군사고등학교 생도들의 현장학습

군사기지와 붙어있는 공군박물관 주변은 개발붐으로 정신이 없다. 택시기사는 기지울타리를 2-3바퀴 돌다가 겨우 임시정문을 찾았다. 공군박물관은 방글라데시국기가 그려진 미그전투기가 줄지어 있었고 실내전시관은 아예 없었다. 방글라데시군을 지원하는 인도군이 주로 소련제 무기를 사용했기 때문이다.

박물관 관리관 주디는 18년 근무경력의 공군상사였다. 입장권 구매시 유일한 외국 사람인 필자를 보고서 직접 야외전시장을 안내했다. 이 나라에서 직업군인은 사회적으로 가장 좋은 대우를 받고 있단다. 하지만 자신은 연금대상이 되면 전역을 하고 기필코 한국에 가서 재취업을 하고 싶단다. 영어능통, 회계사자격, 컴퓨터전문가 등 다양한 경력을 내세운다. 다카 한국대사관 비자담당을 만나라는 조언밖에 할

공군박물관 야외에 전시된 소련제 미그기

공군박물관 현장학습을 온 여자군사고등학교 생도들

수 없었다.

이때 약 50여명의 군복차림 여고생들이 버스에서 내렸다. 인솔교사는 현역군인이다. 관리관 말에 의하면 여자 군사고등학교 생도들이라고 한다. 방글라데시의 14개 군사교교 중 4개는 여학교란다. 정부로부터 다양한 지원을 받는 이 학교는 중학교 졸업생들 중 최상위 수재들만 입학이 가능하단다. 기숙사생활 · 군사훈련이 병행되지만 졸업 후 자유롭게 군대 · 일반대학을 선택할 수 있다. 비록 가난한 방글라데시이지만 우수 인력을 호국간성으로 미리 확보하자는 국가의지는 확고해 보였다. 또한 그들은 수백만 동족이 도살되었던 독립전쟁교훈을 결코 잊지 않고 있었다.

다카시내 중심부의 군인아파트 단지 전경. 우측건물이 군사고등학교 건물임

낙후된 출입국 관리체계로 인해 당한 낭패

2018년 10월 이후, 한국인은 인도공항에서 도착비자를 받을 수 있다. 방글라데시 답사 후 인도행 비행기탑승을 위해 다카공항으로 갔다. 출국장 역시 혼잡했고 항공 예약표를 보여주어야만 터미널 입장이 가능하다. 발권 카운터에서 여권을 내밀며 티켓을 받으려니 인도비자가 없어 탑승이 불가하단다. 변경된 비자규정을 설명해도 전혀 모른다. 출입국 사무실로 갔지만 공무원까지도 일본인만 인도 도착비자가 가능하단다. 옥신각신 하던 중 비행기가 출발하면서 숙소 예약비까지 날아가고 말았다. 인도 혹은 한국대사관에 가서 후속조치를 하란다.

공항청사를 나오니 이번에는 경찰관이 붙잡는다. 항공기를 타지 않고 다시 나온 점이 수상하단다. 간이파출소 안 모기들은 유독 필자에게만 달려든다. 한국인임이 확인되자 금방 그의 태도는 달라졌다. 결국 다음날 한국대사관 영사 도움으로 겨우 다카공항을 떠날 수 있었다. 비자 규정 변경 내용을 세관공무원들조차 몰랐던 것이다. 낙후된 행정 시스템으로 엉뚱한 여행객만 피해를 본 것이다.

한국
Korea

미 · 북의 첫 격돌지, 태극기 휘날리며 '미국판' 현장!

–오산 UN군 초전기념관–

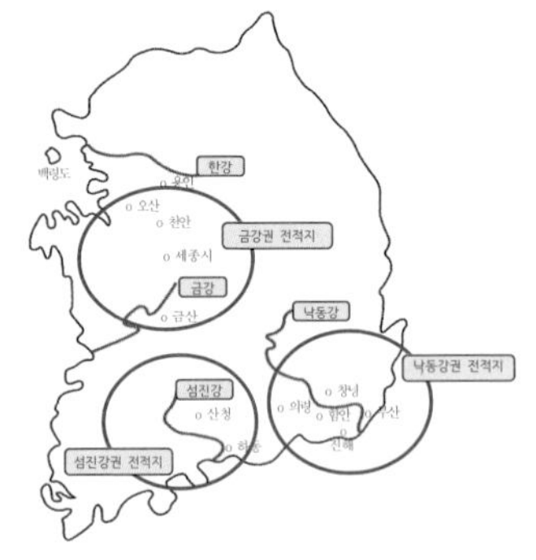

1945년 해방직후 오산은 인구 6,000여 명의 농촌도시였다. 이후 1989년 1월 1일 오산시로 승격되면서 현재 인구는 약 20만에 달한다. 예로부터 1번 국도와 경부철도가 통과하는 교통요충지 오산은 비옥한 평야와 오산천을 끼고 있어 주민 생활이 풍요로운 지역이었다. 그러나 청일·러일전쟁, 6·25전쟁을 거치면서 항상 격전의 중심이 되는 수난의 땅이 되기도 하였다. 특히 1950년 6·25전쟁 당시에는 최초로 미군과 북한군이 이곳에서 격돌했다.

미 스미스 기동부대와 죽미령 전투

Trip Tips

오산 시내에서 1번 국도를 따라 자동차로 20분 정도 북쪽으로 달리면 나지막한 고개가 나타난다. 바로 이곳이 1950년 7월 5일 스미스 미 특수임무 기동부대가 남진하는 북한군과 최초로 격돌한 죽미령 고개다.

1950년 7월 5일 아침, 죽미령 방어진지를 편성한 스미스 부대원들은 차가운 가랑비를 맞으며 참호 속에 웅크리고 있었다. 이들은 불과 며칠 전까지만 하여도 2차 대전 승전국 군인으로 일본 구마모토시에서 꿈같은 일상을 즐기던 미24사단 21연대 장병들이었다. 갑작스러운 한국 출동명령으로 C-54 수송기 4대에 분승하여 부산으로 왔다. 그리고 대전을 거쳐 7월 5일 새벽에 오산 죽미령에 정신없이 도착했다.

오산에 최초로 도착한 미군병력은 스미스부대 406명과 제52 지원포병대대 134명으로 총 540명으로 기록되어 있다(출처: 6·25전쟁사 제3권, 군사편찬연구소). 그러나 이들이 적에 대해 알고 있었던 정보는 북한군은 단지 형편없는 훈련과 빈약한 무기를 가진 3류 군대에 불

죽미령 고개의 UN군 초전기념관

과하다는 것 이었다. 따라서 미군들은 단지 국제경찰군 역할만 하고서는 빠른 시간내 안락한 생활이 보장된 일본으로 되돌아 갈 수 있다는 막연한 기대에 부풀어 있었다. 그러나 곧이어 벌어진 죽미령 전투에서 이런 생각은 산산조각이 나고 말았다.

초전 기념관과 미국판 '태극기 휘날리며' 사연

최근 산뜻하게 지어진 UN군 초전기념관은 미군의 한국전 참전과정을 쉽게 이해할 수 있도록 잘 구성되어 있다. 특히 입체영상기술을 활용한 당시 상황 설명은 관람객들이 63년 전 포연 자욱한 전장터의 긴박함을 생생하게 느끼게 만든다. 또한 전혀 알지도 못했던 한국이라는 나라의 자유를 위해 피 흘리며 쓰러져간 미군 병사들의 애절한 사연은 많은 사람들의 마음을 숙연하게 만든다. 대표적으로 미국판 '태극기 휘날리며'라고 볼 수 있는 월포드(Wolford) 형제의 이야기이다.

스미스부대 B중대에 랜섬 월포드(Ransome Wolford)와 비질 월포드(Virgil Wolford)라는 어린 두 형제가 있었다. 당시 그들의 나이는 16세와 18세에 불과했다. 이 형제는 14세와 16세 때 나이를 속이고 동시에 입대했다. 부모님이 갑자기 교통사고로 사망하자 갈 곳이 없었던 이들은 자연스럽게 군대를 택했다. 이런 딱한 사연을 아는 중대원들은 이 어린 병사들을 누구보다 사랑했다. 그러나 7월 5일 죽미령에서 북한군 탱크의 집중포격으로 한 참호 속에서 두 형제는 서로 꼭 껴안은 채 동시에 전사하고 말았다.

기념관 마지막 전시실에는 181명의 미군 전사자 사진과 이름이 걸려있다. 물론 월포드 형제사진도 나란히 게시되어 있다. 우리가 누리는 오늘의 자유를 위해 이곳 전투에서 목숨을 바친 이들의 추모사진

앞에서는 누구든지 자연스럽게 옷깃을 여미게 된다.

권율의 독산성 전투와 세마대(洗馬臺)

죽미령 고개에서 멀지 않은 독산성 정상에 오르면 시원한 들판과 성냥갑처럼 나란히 서 있는 아파트촌이 발아래 펼쳐진다. 이곳에서는 멀리 수원 남방까지 관측이 가능하고 63년 전 미군과 북한군이 격돌했던 죽미령도 한눈에 내려다 보인다. 예나 지금이나 전략적 요충지는 시대의 흐름을 벗어나 일반적 상식을 가진 사람이라면 누구라도 현장에 서면 금방 알 수 있는 것 같다.

임진왜란 당시 이 독산성에서 권율부대가 일본군에게 포위되었다. 일본군은 수차례 격렬한 공격을 했지만 끈질긴 조선군의 항전에 그들은 패전을 거듭했다. 결국 일본군 적장은 지형적인 조건을 자세히 살펴보고 성안에는 물이 별로 없을 것으로 판단했다. 왜장은 부하에게 물한 지게를 지어 산 위에 있는 권율에게 갖다 주게 하였다. 사실 독산성은 물 부족으로 극심한 식수난을 겪고 있었다. 권율은 즉시 적군이 잘

독산성전투 승리의 상징 세마대 정자

볼 수 있는 높은 곳에 올라가 흰쌀을 말 위로 쏟아 붓게 하였다. 멀리서 그 광경을 본 적장의 눈에는 물이 넘치는 것으로 보였다. 더구나 남부 지방에서 이곳을 향해 시시각각 의병들이 모여들고 있었다. 마침내 왜군은 독산성 포위망을 풀고 한양으로 퇴각할 수 밖에 없었다고 한다.

오늘날 독산성 정상에는 이승만대통령이 친필로 쓴 세마대(洗馬臺) 현판이 달린 정자가 우뚝 서 있다. 수 백 년이 지난 지금도 이 정자는 임진왜란 당시의 상황을 잘 설명해 주고 있다. 독산성 세마대는 수많은 방문객들에게 자연스럽게 빛나는 승전의 역사를 알려주는 안보교육의 현장으로도 활용되고 있었다.

오산 명승지와 가볼만 한 곳

지형적으로 낮은 구릉으로 이루어져 있는 오산지역은 구석기시대부터 인류가 거주했던 것으로 보여 진다. 최근 오산에는 신도시 개발을 위한 공사가 곳곳에서 이루어지고 있다. 바로 이런 건설현장에서 수시로 고대 유물이 발견되곤 한다. 특히 오산대역 부근의 물향기 수목원과 고인돌 공원은 관광 명소로 손꼽히고 있다. 또한 인공 잣나무로 대규모 산림을 조성한 독산성 삼림욕장은 오산 시민과 학생들이 휴식과 자연체험학습장으로 즐겨 찾는 곳이다.

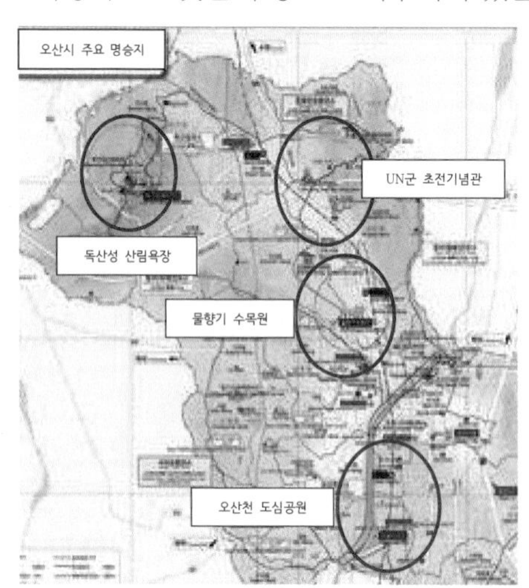

마틴 대령! 육탄으로 적 전차 앞에 서다

– 애국열사의 고장 천안! 마틴의 거리 –

천안은 수도권 배후에 위치한 국토의 중핵도시로서 충남 서부지역 관문이기도 하다. 또한 오랫동안 삼남 분기의 교통 요충지로 자리 잡고 있다. 역사적으로는 임진왜란 이후 모든 전쟁 시 피아 기동로의 중심선상에 위치했다. 따라서 천안은 전란의 피해를 많이 입기도 하였다. 이런 지역적 특성으로 근현대사에서 천안은 우리나라에서 애국열사들이 가장 많이 배출된 지역으로 알려져 있다.

천안삼거리와 마틴 거리

천안삼거리는 조선시대부터 경상도와 전라도에서 한양으로 가기 위해 반드시 거쳐야 하는 삼거리 대로였다. 따라서 천안삼거리에 얽힌 여러 이야기와 노래 가락은 한국인에게는 너무나 익숙하다. 지금도 이곳에는 조선시대 원삼거리 주막이 재현되어 있다. 울타리 너머 마당에 묶여있는 노새, 말 그리고 주막등불, 초가집이 관광객의 시선을 끈다.

그런데 삼거리 근처 버스 승강장(8개소) 광고판에는 예외 없이 〈마틴의 거리(Martin Street)〉라는 간판이 붙어 있다. 이것은 천안전투 기념사업회장인 김성열씨(78세, 현 천안역사문화연구실 연구실장)가 각고의 노력을 기우려 만든 작품이다. 즉 이 사업은 1950년 7월 8일, 미 24사단 34연대장 마틴 대령이 북한군 전차와 분전하다 바로 이곳에서 전사한 사연을 널리 알리는 것 이었다.

당시 미 34연대 장병들은 파죽지세로 밀려 내려오는 북한군 탱크 앞에 극도로 사기가 떨어졌다. 이때 연대장은 상황을 반전시키고자 크리스텐(Christenson) 상사와 함께 2.36″로켓포를 직접 들고 T-34 탱크와 맞서게 된다. 로켓포는 정확하게 탱크를 맞혔으나 두꺼운 철판을 뚫지 못했다. 뒤이어 날아온 적 포탄에 의해 마틴 대령의 몸은 산산조각이 나고 말았다. 이 당시 미국에 있는 마틴 부인은 남편이 전사한 다음 달인 8월에 딸 제인(Jean Martin)을 출산하게 된다.

천안시 구성동의 마틴 거리 표지석(뒷편 천안박물관)

따라서 천안시는 이와 같은 천안전투 역사의 보존과 129명의 미 전몰장병(포로 168명)을 추모하고자 이 지역을 '마틴의 거리'로 명명하고 근처에 아담한 마틴 공원을 조성하였다.

대를 이어가며 한국을 사랑하는 마틴 후손들

1950년 8월생인 제인(Jean)이 세상에 태어나기 1달 전, 아버지 마틴은 천안전투에서 전사했다. 마틴의 딸은 어머니로부터 동양의 코리아(Korea)라는 나라를 공산 침략으로부터 구하기 위해 아버지가 목숨을 바쳤다는 이야기를 간간이 들었다. 1999년 제인은 그토록 궁금했던 아버지가 전사한 한국을 방문했다. 그러나 그녀는 단지 천안시 구성동의 한 줌 흙만을 가지고 미국으로 돌아 갈 수밖에 없었다. 그 당시까지도 이곳에는 전몰 미군들을 위한 변변한 추모비 하나 없었던 것이다.

이런 애틋한 사연을 알게 된 천안시민들은 이때부터 본격적으로 천안전투 추모 사업을 추진하였다. 그 후 2000년에 비로소 추모공원과 마틴거리가 만들어지고 매년 7월에는 천안시 일부 학생들이 마틴 유족들에게 위문편지를 보내곤 한다. 아울러 천안박물관과 천안삼거리공원을 연결하는 대형육교를 마틴거리와 연계하여 일부 시민들은 '마틴 브릿지(Martin Bridge)'라고 부르기도 한다. 현재 주변에는 '2013 국제웰빙식품 액스포건물'이 대규모로 신축되었다. 국제행사 개최에 걸맞게 단순한 육교 이름보다 역사적 의미와 한미혈맹 강화 차원에서 새로운 명칭도 고려해 볼 필요가 있을 것 같았다.

현재 미국에는 20여명의 마틴 후손들이 살고 있다. 그들은 한국 천안에 할아버지 이름의 도로와 공원이 있다는 사실을 알고 너무나 감격해 한다. 아울러 기념사업회 관계자의 말에 의하면 대학교수인 손자 마틴은 “또 다시 한국에서 위기가 생긴다면 기꺼이 할아버지처럼 한국을 돕기 위해 달려가겠다.”라고 했다.

적 치하에서 목숨 걸고 활동한 태극동맹

1950년 7월 8일 북한군의 천안점령 후 일순간 세상은 인공치하로 바뀌었다. 특히 천안전투에서 북한군 포로가 된 미군 168명은 당시 천안읍사무소(현 동남구청사) 2층에 감금된다. 아울러 체포된 우익인사 150여명도 이곳에 잡혀 왔다. 그 후 천안은 UN 공군기에 의해 쑥대밭이 되었다. 그러나 미군포로와 우익인사들이 수감된 읍사무소만은 용케도 폭격을 피해 갔다. 일설에 의하면 미군포로 중 누군가 거울을 이용 UN군 조종사에게 자신들의 위치를 알려주었다고 한다.

이런 적 치하에서도 지역주민들은 ‘태극동맹’이라는 반공단체를 결성하여 암암리 저항활동을 전개했다. 특히 열성 공산분자에게는 지역민의 이름으로 경고장을 보내 그들의 악행을 일부 제지하였다. 또한 천안역 철로반에서 암약한 태극동맹원들은 열차태업으로 북한군 수송 작전에 막대한 피해를 입혔다.

마침내 1950년 9월 25일, UN군이 병천 방면에서 천안으로 입성하기 직전 태극동맹 청년대원들은 읍사무소에 감금된 우익인사들을 극적으로 구출했다. 이들의 반공투쟁에 대한 자세한 기록은 천안삼거리공원의 태극동맹 기념탑에 생생히 기록되어 있다.

전국 최다의 호국유적지와 명승지

Trip Tips

천안은 애국충절의 고장답게 곳곳에 호국유적지가 산재해 있다. 대표적으로 독립기념관, 유관순열사 생가 등이 있다.

천안 삼거리 공원의 태극동맹 기념탑

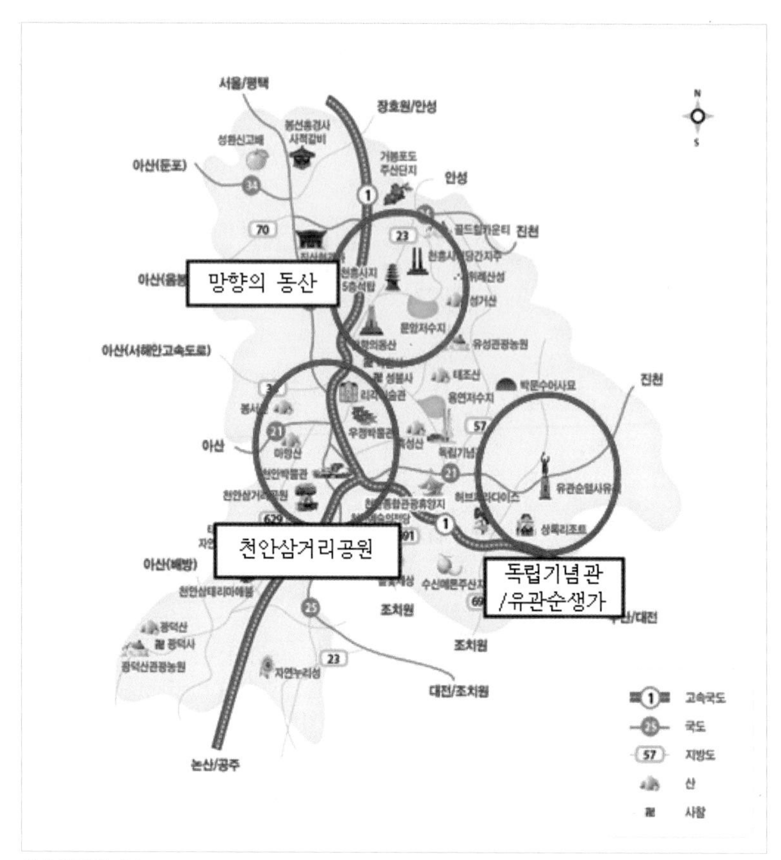

천안시 관광지도

또한 태조산 공원에는 천안시와 자매 결연을 맺었던 천안함의 대형 조형물이 건립되어 있다. 매년 3월 26일, 이곳에서 46인의 전몰 해군 장병을 위한 대대적인 추모행사를 갖고 있다.

Trip Tips

아울러 천안의 관광명소는 시티투어 시스템이 잘 발달되어 누구든지 천안시 홈페이지(www.cheonan.go.kr)에 접속하면 자세하게 소개를 받을 수 있다.

주민들의 '美 킬패트릭 일병 구하기' 전설같은 감동

-한국의 중심! 세종시 전쟁 이야기-

2012년 7월 1일에 출범한 세종특별자치시 지역은 삼국시대 이래 금강과 주변의 비옥한 평야를 두고 전쟁이 빈번했던 곳이다. 특히 6 · 25전쟁 시에는 미24사단과 북한군 3 · 4사단, 105전차사단 간 치열한 전투가 있었다. 세종시 인구는 현재 11여만 명 이지만 2020년에는 30만 명, 2030년에는 50만 명이 될 것으로 예측하고 있다.

미군 · 북한군이 뒤엉킨 개미고개 유해 발굴현장

평택 · 천안전투에서 필사적으로 북한군을 방어하던 미 24사단은 뒤이어 조치원 북방 개미고개에서 1950년 7월 10일부터 약 2일간에 걸쳐 처절한 격전을 벌였다.

61년의 세월이 흐른 2011년 6월, 바로 이곳에서 전쟁유해 발굴 작업이 있었다. 당시 현장 지휘관 한주완 대위(현 32사단 근무)는 이렇

금강전투 격전지에 세워진 세종시 한두리교

게 증언했다.

작업을 하자마자 US마크가 찍힌 수통이 나왔고, 약 290mm 크기의 군화밑창과 1구의 유해를 찾았다. 뒤이어 가까운 거리에서 방망이수류탄과 뒤엉켜 있는 9구의 유골을 발굴했다. 추정컨대 미군과 북한군간 백병전이 있었던 것 같았다. 훗날 유전자 감식을 통해 그들은 미군과 북한군이었음이 밝혀졌다.

원래 이곳 지명은 '고마(높음을 의미) 고개'로 과거 향토지에 기록되어 있다. 그러나 6·25전쟁 간 이 고개에서 북한군이 개미떼처럼 달라붙어 미군을 공격하는 것을 주민들이 본 후 자연스럽게 '개미고개'로 부르게 되었다. 현재 고개정상에는 그 날의 전투상황을 설명하는 전쟁기념비가 있으며 매년 7월 10일, 전의·조치원전투 기념행사가 열리고 있다.

낙오 미군병사 '킬패트릭 일병 구하기' 작전

1950년 7월 중순, 타는 듯한 불볕 더위가 계속 되었다. 이때 금강 변에서 기진맥진한 킬패트릭(Laelf.L.Killfaetrig) 일병은 동료들을 애타게 찾고 있었다. 어제밤 새까맣게 금강을 건너 몰려오는 북한군을 그는 필사적으로 막았다. 그러나 어찌된 셈인지 아군 조명탄이 금강 위를 벗어나 방어진지에 떨어지기 시작했다. 순식간에 강상의 북한군은 어둠속에 사라졌고 아군은 고스란히 적에게 노출되었다. 결국 중대장 지시에 의해 부대원들은 철수하기 시작했다. 허벅지 상처를 동여 멘 킬패트릭은 쩔뚝거리며 참호를 나왔지만 캄캄한 어둠속에서 중대원들을 놓치고 말았다. 새벽녘에는 이미 누런 황갈색 복장의 북한군들이 주변에서 서성거렸고 그는 논두렁 밑에서 3일을 꼬박 굶으며 버티었다. 그 때 마침 논에 물길을 대고 원두막에서 쉬고 있던 금남면 영대마을 주민들이 그를 발견했다.

이때부터 20여 가구가 사는 작은 시골마을 주민들의 '킬패트릭 구하기'는 약 2달간에 걸쳐 계속된다. 많은 미군 낙오병과 우익인사들이 북한군에게 체포 즉시 처형되는 살벌한 시기였다. 그러나 마을사람들은 주변 광산굴(현 금남면 영대리 산 51번지)에 이 병사를 숨겨두고 끝까지 보호했다. 이즈음 멀지 않은 반포면 성덕국민학교 교실 마루 밑에 숨어있던 미군 11명이 북한군에게 발견되어 모두 사살되는 사건도 있었다.

마을 이장 임헌상(林憲相)씨의 선행에 주민 감동

결국 킬패트릭은 주민들의 필사적인 노력으로 목숨을 구했고 아군 북진 시 부대로 복귀한다. 이 병사를 구조하는데 결정적인 역할을 한 사람은 당시 이장이며 주민의 깊은 신뢰를 받았던 임헌상씨(당시 40

세. 농업)였다. 그는 위험 속에서도 동네 사람들이 미군병사 보호에 동참하도록 설득했다. 더구나 일부 좌익 주민들까지도 이장에 대해서는 우호적 이었다. 임헌상 씨의 선행은 마을 입구에 있는 그의 공적비가 오늘날 까지 생생하게 전해주고 있다.

전쟁 후 미국의 킬패트릭으로부터 편지가 왔다. 그는 병을 얻어 병원에서 치료 중이었다. 생명의 은인이 있는 한국에 꼭 오고 싶지만 지병으로 인해 오지 못한다는 안타까운 사연이었다. 한참 세월이 흐른 후 킬패트릭 여동생 편지가 또 다시 왔다. 오빠의 병이 악화되어 결국 사망했다는 것이다. 그는 숨을 거두기 전 이런 말을 남겼다고 한다.

목숨까지 걸고 자신을 보호해준 영대마을 사람들에게 직접 찾아가지 못한 것이 너무나 죄스럽다.

학생들의 자발적 모금으로 추모비 건립

1960년대 초 어느 6월, 금강변 부강중학교에서 6 · 25전쟁 계기수업이 있었다. 이 지역 전쟁 이야기를 선생님이 하던 중 갑자기 일부 학생들이 흐느끼기 시작했다. 사연인즉 북한군에 의해 부모가 학살당

임헌상 이장 공덕비와 영대마을 전경(도로 건너편)

한 자녀들의 울음소리였다. 그들 나이 불과 5, 6세 일 때 부모들이 학살당하는 것을 몰래 지켜보았던 소년들이었다. 순식간에 교실은 울음바다가 되었다. 이 일을 계기로 학생들의 자발적 모금운동이 일어나 학살현장에 추모비(기록인원: 양민 27명, 경찰관 4명, 한국군 3명, 미군 1명)가 세워졌다.

그러나 최근 들어 세종시 개발사업으로 강변의 작은 돌비석은 조용히 사라졌다. 아울러 그날의 비극을 기억조차 하기 싫어하는 분위기 탓인지 그 때의 추모비를 찾으려는 사람들도 이제는 없다고 한다.

도약하는 세종시의 관광 명소

세종시는 도시의 52%가 공원과 녹지로 조성되고 있다. 특히 61만 m²의 호수공원 주변에 대통령기록관, 국립도서관, 수목원, 박물관단지 등이 완공되면 국내 최고의 생태 · 문화라인이 형성된다.

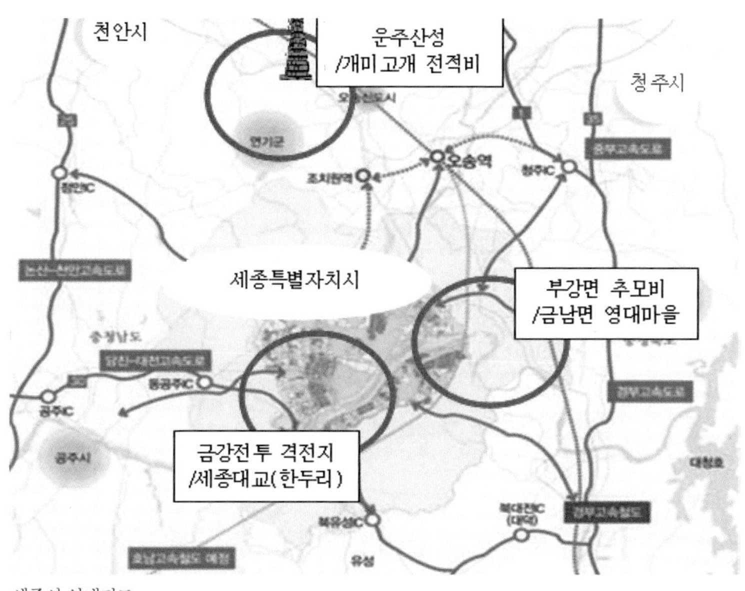

세종시 안내지도

또한 최근 완공된 금강의 한두리교와 학나래교는 과거 금강변 격전지 상흔을 깨끗이 치유한 대표적인 상징물로 서 있다. 아울러 백제성으로 추정되는 운주산성과 고려시대 몽고군 격파를 기념한 연기대첩비 등은 고대 전쟁사 연구에도 많은 도움을 주고 있다.

전쟁은 끝났지만
민초(民草)의 시련은 계속

–금산군 서암산의 빨치산 이야기–

금산군은 충남의 최남단에 위치하며 영 · 호남의 관문 역할을 하고 있다. 지역 내에는 태고사, 칠백의총, 이치대첩비, 육백고지 전승비 등 임진왜란과 6 · 25전쟁에 관련된 많은 유적지를 가지고 있다. 특히 금산읍은 세계인의 건강을 지켜주는 고려인삼의 메카로도 유명하다.

피로 물든 서암산 계곡과 600고지 전승비

적 사살 2,287명, 생포 1,025명, 아군전사 276명(경찰 184 · 청년방위대 72 · 군인 20). 이 전투상항이 기록된 전승비는 휴전선 근처의 격전지가 아닌 충남 금산군의 서암산(西岩山)에 있다.

1950년 9월 28일, UN군은 수도 서울을 마침내 수복했다. 약 2달간 인공치하에서 온갖 고난을 겪었던 금산군 주민들은 이제 전쟁은 끝나고 평화로운 일상으로 돌아갈 것으로 생각했다. 그러나 주변 서암산, 대둔산, 운장산과 멀리 덕유산, 지리산에는 약 20,000여 명의 북한군 패잔병과 좌익분자들이 몰려 들었다. 그리고 이곳에는 새로운 전쟁비극이 또다시 시작된다.

우뚝 솟은 600고지 전승비에서 골짜기를 내려다보았다. 오늘날에는 깊은 계곡, 맑은 시냇물, 그림 같은 전원주택 등 너무나 아름다운 전경이 눈앞에 펼쳐진다. 그러나 바로 이곳에서 1950년 9월부터 1956년 3월까지 장장 5년 반 동안 지역치안을 회복하고자 하는 경찰 · 군 · 청년방위대와 빨치산 간 치열한 전투가 매일같이 벌어졌다. 이런 혼란한 상황에서 가장 많은 고통을 받은 사람들은 다름 아닌 그저 순박하기만 했던 이곳 민초들이었다.

600고지 전승비(뒷편)와 전몰군경 추모비

60여년 계속된 시골 소년의 전쟁 트라우마

1950년 가을, 빨치산들이 마을로 몰려왔을 당시 박종락 씨(76세)는 건천국민학교 6학년 이었다. 유독 빨갛게 익은 감들이 많은 늦 가을 어느 날, 군인들과 빨치산 간 마을 근처에서 치열한 전투가 있었다. 주민들은 집안 깊숙이 몸을 피하여 숨을 죽이며 불안한 시간을 보냈다. 이윽고 총성이 멈추면서 피아간의 전투는 끝났다. 소년은 호기심에서 살며시 대문을 열고 바깥을 살펴 보았다.

이때 소년은 너무나 충격적인 장면을 목격한다. 어린 국군 1명이 빨치산들에게 잡혀 심하게 구타당하며 마을로 끌려오고 있었다. "누렁개(국군을 의미하는 빨치산 은어) 이놈! 너 이름이 뭐냐?" "조달수 일병…." "고향은?" "포항 입니더". 빨치산들의 고성과 욕설, 공포에 질린 어린 병사의 표정을 보고 소년은 너무 무서워 눈을 감아버렸다. 마을사람들도 침묵으로 일관하며 애써 그 상황을 모른 체 했다. 어른들의 만류에도 불구하고 몰래 뒤따라간 소년은 조달수 일병의 최후를 숨어서 지켜보았다.

한동안 시신은 방치되었지만 누군가에 의해 산기슭에 매장되었다. 당시 어른들의 이야기로는 배가 너무 고팠던 그 군인은 부대철수 동안 감나무 홍시를 따 먹다가 낙오되었다고 했다.

그 후 60여 년 동안 '조달수, 포항'이라는 말이 소년의 머릿속을 떠나지 않았다. 마침내 2009년 3월, 박종락 씨의 제보로 처형된 국군유해는 세상 빛을 보게 되었다. 군에서는 포항에 거주할 것으로 추정되는 유가족을 찾고자 백방으로 노력했으나 수포로 돌아갔다. 단지 조달수 일병이 국립묘지에서 편안한 안식처를 찾음으로 한 시골소년의 '전쟁 트라우마'는 자연스럽게 없어지게 되었다.

600고지에서 내려다 본 서암산 골짜기

여자 빨치산 돌무덤의 애달픈 사연

남이면 신대마을의 김주성 씨(77세)는 여자 빨치산에 얽힌 또 다른 이야기를 들려준다. 이 마을은 서울수복 이후에도 한동안 인공치하가 계속되었다. 어느 날 밤, 동네 앞 다리(현 상금교) 밑에서 요란한 총성이 울렸다. 다음날 아침, 평소 동네사람들에게도 안면이 있었던 예쁜 얼굴의 여자 빨치산이 참혹하게 죽어 있었다. 남자 빨치산과의 애정 문제로 다투다가 총에 맞았다는 소문이 퍼졌다. 사람들은 불쌍한 이 시신을 거두어 개울 건너 밭 귀퉁이에 묻었다.

전쟁 후 '한 많은 처녀귀신' 출현이 두려워 한동안 제사까지 지내기도 했다. 그러나 세월이 흐르면서 그 봉분은 밭에서 나오는 돌을 쌓아

두는 곳으로 변하여 현재는 작은 돌무덤이 되고 말았다. 아직도 이곳은 '여자 빨치산 무덤'으로 불린다. 그러나 실제 신대마을에 처녀귀신이 출현한 적은 여태 한 번도 없었다고 한다.

700명 의병 결사대원! 한 곳에 묻히다

칠백의총(七百義塚)은 1592년 8월18일(음), 임진왜란 당시 의병장 조헌 선생과 의승장 영규대사가 이끄는 700명의 결사대원들이 15,000여명의 왜적과 싸우다 전원 순절한 호국의 성지이다. 칠백의총 기념관장 김기정(57세) 씨에 의하면 당시 금산의 의병결사대는 전국에서 모여든 민중의 집결체였다. 경기 · 충청 · 호남 · 영남지역에서 많은 의병들이 자발적으로 창검을 들고 이곳으로 모여들었다고 한다.

약 40여년 이곳에서 근무한 기념관장은 호국성지에 대해 무관심해져 가는 최근 세태에 많은 아쉬움을 토로했다. "1970년대 중반 박정희대통령이 칠백의총을 성지화한 이후 지금까지 그 모습이 그대로이다. 신세대들의 역사의식 고취를 위한 체험학습장 건립, 관람객 편의시설 설치 등을 위한 예산의 추가투입이 절실하다."라고.

세계적인 금산 인삼축제와 주요명승지

매년 9, 10월에 개최되는 금산 인삼축제는 이미 세계적으로도 유명하다. 특히 2011년, 2012년 연속해서 세계축제협회에서 '피너클 어워드상'을 수상하여 글로벌 명품 축제로 완전히 자리를 잡았다. 또한 수려한 자연 경관을 가진 금산은 서암산·대둔산 부근의 전사적지와 금강주변의 민속축제장·생태체험장 등 많은 명승지를 가지고 있다.

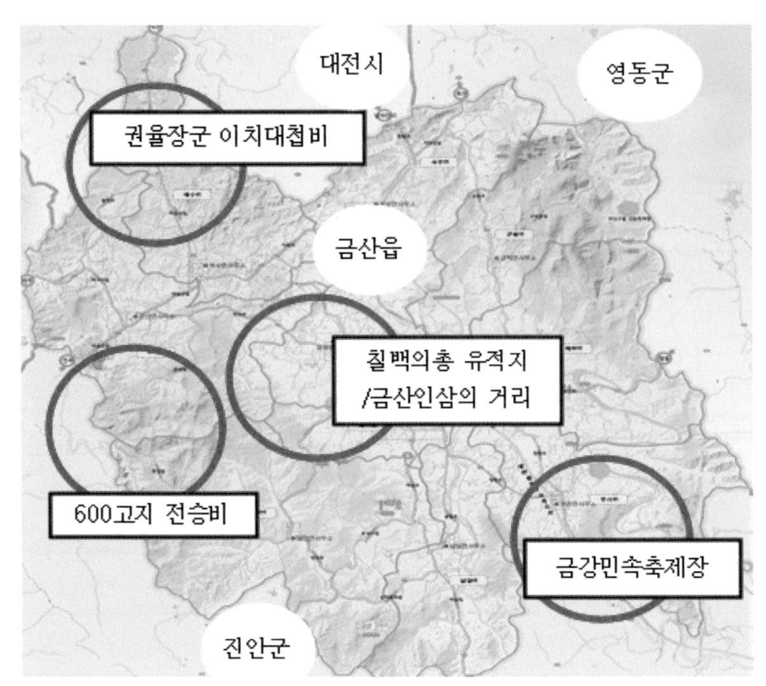
대전시
영동군
권율장군 이치대첩비
금산읍
칠백의총 유적지
/금산인삼의 거리
600고지 전승비
금강민속축제장
진안군

금산군 관광지도

적 전차에 맞선 섬진강 학도병

–하동 화개장터와 학도병 이야기–

하동군은 한반도 남단, 경상남도 최서부에 위치한다. 장엄한 지리산 자락, 푸른 섬진강, 한려 해상국립공원 등 천혜의 관광 자원을 가진 고장이다. 그러나 6 · 25전쟁 당시 섬진강 주변에서는 북한군 남진을 막기 위한 국군의 처절한 격전에 관한 이야기가 많이 전해 온다. 특히 휴전 이후에도 오랫동안 빨치산 준동으로 지역 주민들은 많은 시련을 당하기도 하였다.

화개장터 뒷산의 외로운 학도병 추모비

하동 섬진강변의 화개장터! 가수 조영남의 노래 '화개장터' 덕분에 전국적인 지명도 까지 가지고 있다. 화개장터는 지리산 자락을 휘감고 내려온 섬진강 물줄기를 따라서 남해 바다의 해산물과 지리산 약초, 산나물이 만나는 곳이다. 즉 이곳 장터는 어촌, 산촌, 농촌을 연결

화개장터 뒷산 학도병추모비(멀리 섬진강이 보임)

해 주는 중심적 역할을 수백 년 동안 하고 있다. 또한 연간 수백만 관광객들이 빼어난 섬진강 절경과 화개장터의 옛 풍물을 즐기는 관광명소로 자리를 굳혔다.

그러나 바로 화개장터 뒷산 커다란 바위위에 섬진강을 바라보며 외롭게 서 있는 학도병 추모비의 사연을 아는 사람은 거의 없다. 1950년 7월 26일 07:00, 바로 이곳 화개장터는 180여 명의 어린 학도병들과 남진하는 북한군 6사단과의 처절한 전투가 있었다. 결국 이 전투에서 40여명의 어린 중학생들이 목숨을 잃었다. 사실상 한국전쟁에 있어 학도병과 북한군과의 최초의 전투이다. 물론 일부 학설에는 1950년 6월 29일 '비상학도대'가 노량진 전투에 최초로 전투에 참여하였다고도 한다.

출정하는 학도병! 지켜보는 어머니

1950년 7월 13일, 여수 서초등학교 운동장! 당시 여수중학교 4학년 정효명(79세)씨는 16세의 어린 학생이었다. 북한군 남침으로 조국이 위기에 처했다는 소식에 여수지역 청소년들이 학도병 지원을 위해 구름처럼 몰려들었다. 특히 1948년 10월, 여순 반란사건을 경험한 지역 주민들은 누구보다도 공산주의에 대한 적개심이 강했다. 학도병을 지원하면서 정효명씨는 어머니에게도 알리지 않았다. 뒤늦게 누나가 알고서 어머니와 함께 황급히 운동장으로 달려왔다.

그러나 여수시장이 주관하는 학도병 환송대회는 너무나 진지했고 애국적이었다. 조국을 지키고자 하는 청년학도들의 열정과 참석자들의 피 끓는 호소에 차마 어머니는 자기 아들만을 집으로 데려 갈 수 없었다. 교복차림에 맨손으로 전선으로 떠나는 어린 아들을 많은 어머니들은 속이 까맣게 타들어가는 심정으로 지켜보고만 있었다.

적 전차에 맞섰지만 물러서지 않았다

1950년 7월, 당시 하동에는 5사단 15연대 일부 병력과 학도병 180명 밖에는 없었다. 급히 모집한 학도병은 15연대 직할중대로 편성됐다. 중대장은 정태경 중위(육사 8기), 각 소대장은 방위군 소위나 사관후보교육생. 분대장은 6학년 학생들 중에서 선발했다. 학도병들의 평균 나이는 만 15-18세. 장비는 미국에서 급히 공수된 M1 소총과 실탄 100여 발 뿐. 소총에 엉겨 붙은 그리스(Grease)를 학생들은 손수건으로 벗겨내야만 했다.

1950년 7월 25일 07:00경! 화개장터 부근 고지(현 화개지서 뒷산)에서 주먹밥을 먹고 있던 학도 병진지에 갑자기 북한군 박격포탄이 쏟아졌다. 순식간 고지는 아비규환에 휩싸였고 화개장터 개천 건너편

화개장터 전경(오른쪽 교량으로 적전차가 건너옴)

에는 북한군 전차까지 나타났다. 꾸물거리며 좁은 교량을 건너온 적 전차는 국군 진지에 대해 집중사격을 퍼부었다.

약 3시간의 혈전으로 40여 명의 전사자와 많은 부상자들이 생겼다. 결국 학도병들은 분산해서 하동으로 퇴각할 수 밖에 없었다. 하동군 진교국민학교에서 재집결하여 확인된 인원은 110여 명. 결국 불과 수 시간의 전투로 70여 명의 학도병들이 전사하거나 실종되었다.

60여 년 만에 돌아온 아들, 어머니는 없었다.

수많은 동료들이 전장터에서 산화한 아픈 추억을 가진 정효명씨는 전쟁 후 은행에 근무하며 바쁜 일상을 보내었다. 그러나 시신마저 거두지 못한 과거 전우들에게 항상 죄스러운 마음을 가지고 있던 중 화개장터 전사자 유해 발굴 소식을 들었다.

2007년 4월 24일, 주변 주민들의 증언으로 학도병 집단 매장지 추정장소에 대한 발굴 작업이 이루어졌다. 수 시간의 작업 끝에 학도병들의 유품들이 쏟아져 나왔다. 10여구의 유골, 실탄이 가득한 탄창, 신발, 시계, 십자가…. 마침내 이곳 야산에서 60여 년 동안 호국의 수호신으로 잠자던 아들은 뒤늦게 무사귀환을 기도하던 어머니를 찾았지만 그 어머니들 역시 아무도 남아 있지 않았다.

그날의 비극을 증언하는 하동고개 호국공원

하동읍으로부터 멀지 않은 하동고개 호국공원. 이곳에는 화개장터 학도병 참전비, 6 · 25 및 월남전 참전용사 기념비, 채병덕 장군 추모비 등이 있다. 특히 이곳은 1950년 7월 27일, 미 제29독립연대 3대대와 한국군 일부병력이 진주로 동진하는 북한군과 치열한 격전을 벌렸던 역사의 현장. 이 전투에서 채병덕 장군은 한국군 복장으로 위장하여 아군진지로 접근하는 북한군을 확인하다가 적탄에 맞아 전사한다.

뒤이어 벌어진 치열한 격전으로 미군 313명도 전사했다. 하동군민들은 이들의 희생을 잊지 않고자 미군 전사자 추모비 건립과 함께 호국공원에 미성조기를 태극기와 함께 24시간 게양하고 있다.

섬진강 강변 주변 곳곳이 관광 명소

하동군의 관광명소는 봄철의 화개장터 십리벚꽃, 소설 〈토지〉의 배경이 되는 평사리 최참판댁, 하동포구에 900여 그루의 노송이 어우러져 있는 백사청송 쉼터 등이 대표적이다. 특히 남해고속도로 등을 이용하면 청정수역 한려수도와 남해안 도서여행지까지 쉽게 갈 수 있다.

하동 명승지

낙동강이 없었다면 대한민국은 없었다!

–수백 년 호국 전통을 잇는 창녕의 국방유적–

경상남도 창녕군은 낙동강변을 따라 풍요로운 평야와 빼어난 명산, 다양한 유적지를 가진 살기 좋은 지역이다. 그러나 대구–마산을 잇는 교통 요충지, 천연적 장애물인 낙동강 등으로 인해 임진왜란 이래 항상 전란의 중심에 있었다. 특히 지역 내의 항일의병운동, 기미독립 만세운동, 6 · 25전쟁 등의 영향으로 주민들의 외적에 대한 항쟁의지와 호국의식이 높은 것으로 알려져 있다.

1950년 8월초, 국군과 유엔군은 쾌속으로 남진하는 북한군의 저지를 위해 낙동강을 끼고 최후의 방어선을 구축하게 된다. 이때 창녕의 낙동강 돌출부에서 북한군과 미군사이 처절한 전투로 강물을 핏빛으로 물들이는 혈투가 벌어졌던 격전지로도 유명하다.

창녕 박진 전쟁기념관과 전승기념비

창녕군 남지읍의 낙동강 돌출부지역, 한적한 시골에 폐교된 학교를 보수하여 만든 아담한 박진 전쟁기념관이 있다. 기념관 앞 150고지에는 UN군 전승비가 우뚝 솟아 있으며 그곳에서는 박진대교와 북한군 도하출발점이었던 박진나루가 한눈에 내려 다 보인다. 이곳에 오래 거주했던 노인들은 전투가 끝난 후 마을 옆 능선에서 미군과 북한군의 시체 수백 구가 처참하게 뒤엉켜 있는 광경들을 생생하게 기억한다.

이곳 박진지역에서 부산 점령을 위해 마지막 발악을 하던 북한군 제2·4·9·10사단과 미 제2·24사단, 미 제25사단 일부 및 미 해병 임시5여단이 2주간에 걸쳐 사투를 벌였다. 북한군 최정예 제4사단은 8월 5일 야간에 박진 나루터를 이용 은밀히 기습 도하에 성공했다. 특히 북한군은 강제 동원한 현지 주민과 의용군들을 이용, 박진 나루터에서 가마니 등으로 수중교를 만들어 전차, 차량, 대규모의 병력 등을

창녕군 낙동강 박진대교(건너편 산 능선 부근에 전쟁기념관 위치)

도하시켰다. 칠흑 같은 야간에 수중교작업간 숨져간 억울한 생명의 숫자는 아무도 모른다. 악착스러운 북한군은 미군과 치열한 전투 끝에 8월 11일에는 약 20여 Km 떨어져 있는 영산까지 진출한다. 만약 영산을 통과하여 밀양을 북한군이 점령하였다면 낙동강 방어선은 와해될 수밖에 없었다. 아슬아슬하게 미 제25사단 27연대와 해병 제5임시여단의 긴급 증원으로 미군은 북한군 저지에 성공했다.

전장 상황을 생생히 기억하는 현지 주민

박진 전쟁기념관 옆에서 조상 대대로 농사를 지어온 정만진씨(78세, 창녕군 남지읍 월하리 거주)는 당시 15세였다. 1950년 여름, 그는 어렴풋이 38선에서 전쟁이 났다는 소식을 들었다.

"8월 초순께 갑자기 시골 벽지인 이곳에 많은 미군들이 트럭을 몰고 왔다. 강변에서 전화선을 가설하는 미군들이 던져 주는 건빵과 초콜릿에 시골 소년들은 열광했고 미군들을 도울 수 있는 일이 있을 때는 서로 앞 다투어 나섰다.

그러나 한편으로는 이곳에서 전쟁이 벌어질 수 있다는 불안한 마음이 가시지는 않았다. 며칠 후 마을 사람들에게 긴급하게 영산으로 피란을 가라는 지시에 의해 고향을 떠났다. 특이한 일은 미군들이 박진에 들어오기 전, 강 건너편에서 고향을 밝히지 않은 낯선 피난민 여섯 명이 마을로 들어 왔다. 나중에 미처 피난을 가지 못한 일부 주민들의 말에 의하면 그들은 북한군 특수공작대로 도하에 성공한 북한군과 합류했다.

영산 호국공원과 근대 문화유산 남지철교

박진나루에서 자동차로 약 20여분 밀양 방향으로 달리면 전형적인 한국의 시골도시 영산 읍내가 나온다. 영산 시내 중심부의 호국공원에는 곽재우 의병장 기념비, 3 · 1운동 봉화대, 영산지구전투 전적비 등이 있다. 인구 수천에 불과한 이곳 영산면은 임진왜란 시 곽재우 의병장이 왜군을 격파한 이래 전통적으로 호국정신이 강한 곳이다. 특히 1919년 삼일 만세운동 시 24인의 지역주민 결사대는 현 호국공원이 위치한 남산에서 독립선언문을 낭독했다. 그리고 만세운동은 영산보통학교 학생, 주민, 결사대원들이 주축이 되어 영산과 창녕에서 3월 말까지 계속되었다.

뒤이어 찾아 온 6 · 25전쟁! 피아 격전의 틈바구니에서 이 지역 민초들은 미군을 도와 낙동강 전투를 승리로 이끄는데 기여했다. 창녕군 향토사학자 윤상식씨(77세, 창녕군 영산면 서리 거주)에 의하면

영산면은 전쟁 당시 격전지의 중앙에 있었다. 미처 피난가지 못한 많은 지역민들의 전쟁 피해는 말로다 표현할 수 없다. 그 와중에서도 UN군의 승리를 위해 주민들은 위험을 무릅쓰고 탄약운반, 부상자를 후송했다.

박진 전쟁기념관 전경(맞은 편 150고지에 전승비 위치)

라고 하였다.

또한 낙동강변의 남지읍에는 1931년에 건설된 아름다운 철제 트러스교가 있다. 현재 이 교량은 근대문화유산으로 지정되어 있으나 전쟁 당시에는 허리가 끊어지는 아픔을 겪었다. 이제 그 상흔을 깨끗이 씻고 바로 옆에 똑같은 모양의 신 남지철교가 우람하게 버티고 있다. 남지읍의 많은 주민들도 전쟁 당시 엄청나게 많은 시신들이 남지철교 다리목에 걸려있었다는 이야기를 옛 어른들로부터 귀 아프게 들으면서 살아 왔단다.

호국의 숨결과 함께 애국을 실천하는 창녕군 청소년

이제 이 지역에서도 전쟁 체험을 생생하게 증언해 줄 사람들을 찾기

창녕군 명승지

가 쉽지 않다. 더구나 신세대들은 일반적으로 '호국, 애국, 전쟁…' 이라는 단어에 별 관심을 기울이지 않는다. 그러나 이곳 창녕지역은 이런 면에 있어 또 다른 사회적 분위기가 있는 듯하다.

해마다 수학여행 철이나 피서기에 많은 지역 청소년들이 박진 전쟁기념관이나 영산 호국공원을 찾는다고 한다. 특히 매년 3월 개최되는 영산 삼일민속제에는 각종 민속놀이와 더불어 삼일운동 봉화봉송, 호국공원 방문행사에 수많은 학생들이 적극 참여하고 있다. 마침 행사기간 중 태극기와 봉화봉송 횃불을 들고 무리지어 시내를 행진하는 학생들을 직접 보니 나 자신 가슴 뿌듯한 감동을 받기도 하였다.

Trip Tips

창녕군은 세계 람사르 습지로 등록된 우포늪, 국내 최고의 수질을 자랑하는 부곡온천, 남지 유채꽃축제, 화왕산성 억새 숲 등 다양한 볼거리가 대부분 자동차로 30분 거리 내 있다. 또한 6·25전쟁 최대의 격전지이며 오늘의 대한민국을 있게 만든 낙동강 전투지역의 관광밸트화를 위해 많은 노력을 하고 있다.

천혜의 자연경관 갖춘 '충절의 고장'

-전국 최초 의병 발상지! 의령의 국방유적-

경상남도 중앙에 위치한 의령군은 예로부터 선비의 고장으로 불리었다. 또한 영남의 젖줄인 낙동강과 남강을 끼고 있는 비옥한 평야지대이면서 지리산 줄기인 자굴산이 있는 산간 분지지역이다. 역사적으로는, 1592년 임진왜란 시 의병장 곽재우 장군과 수천의 민중이 전국 최초로 의병을 일으켜 왜적을 격파했다.

1919년 3 · 1 독립운동 시는 의병의 후손답게 의령 곳곳에서 수많은 주민들이 시위에 참가했다. 또한 6 · 25전쟁 당시에는 북한군과 UN군의 격전 속에서 많은 지역민들이 전쟁 참화를 당하기도 하였다. 더구나 1953년 7월 휴전 이후에도 빨치산 준동으로 전쟁 후유증을 오랫동안 앓기도 했다.

그러나 지금은 선조들의 호국정신을 기리는 충익사, 의병박물관을 비롯하여 천혜의 자연경관을 갖춘 벽계관광지, 자굴산 산악휴양지 등 다양한 관광시설을 가진 아름답고 풍요로운 고장으로 발전하고 있다.

의병광장 · 의병박물관 전몰용사 충혼탑

시원하게 뻗어있는 남해고속도로를 달리다가 군북 · 의령IC를 빠져 나오면 곧바로 남강에 걸쳐있는 정암 철교를 만난다. 이곳이 바로 의병의 고장 의령읍 관문이다. 매년 6월1일이 국가기념일인 '의병의 날'이라는 것을 많은 사람들이 잘 모른다. 이 날은 임진왜란 당시 의병장 곽재우 장군과 전국의 수많은 의병들을 추모하고, 의병에 대한 역사적 가치를 제고하고자 정부에서 2010년에 제정하였다. 전국 최초의 의병 발상지답게 의령은 의병과 관련되는 기념비, 도로명, 유적지들이 곳곳에 산재해 있다. 의병광장, 의병로, 의병박물관, 곽재우장군 생가 · 사당 · 묘소 … 등이 있다.

또한 의령읍을 잘 조망할 수 있는 봉무산 공원에는 전몰용사 충혼탑이 우뚝 서있다. 6.25전쟁 중 이 지역의 젊은 청년 722명이 조국을 위

임진왜란 유물이 전시된 의병박물관

해 아낌없이 목숨을 바쳤다. 특히 이 충혼탑은 멀리 의령천 건너편의 의병탑과 서로 마주 보고 있다. 공원 옆에는 100년의 전통을 자랑하는 의령초등학교(1910년 개교)가 있다. 이곳에서 오늘날의 자유를 마음껏 만끽하는 신세대들이 충혼탑과 의병탑을 바라보며 선조들의 호국정신을 자연스럽게 느끼도록 설계한 듯 하였다.

인공치하(人共治下) 의령의 민초들이 겪은 수난

의령군 역시 6 · 25전쟁 초기 북한군의 일방적인 점령으로 처참한 참화를 많이 겪은 지역이다. 따라서 UN군의 인천상륙작전 이전까지 대부분의 주민들이 인공치하에서 지냈다. 약 40여년 교직에 몸담았다 현재 여유로운 은퇴생활을 하고 있는 박희구씨(83세 · 의령군 의령읍 서동 거주, 전 의령중학교 교장)는 전쟁 당시의 경험을 이렇게 이야기한다.

남강과 낙동강 건너편에는 UN군이, 그리고 이쪽 의령은 북한군이 주둔했다. 남강 정암 철교는 폭격으로 끊어졌다. 강을 건너 함안으로 진격하려는 북한군은 야간에 수중교 건설을 위해 많은 주민들을 동원했다. 18세 학생이었던 나도 강제로 끌려갔다. UN군의 조명탄이 터지면 모든 사람들이 물속으로 몸을 숨겼다. 가끔씩 비행기 소리라도 들리면 죽음의 공포에서 떨어야만 했다.

결국 그는 마을과 마을을 이어가는 북한군 릴레이식 보급수송에 동원되었다가 필사적으로 탈출했다. 시골 친척집에서 은거하다가 마침내 감격적인 UN군의 북진대열을 맞이했다. 그의 증언에 의하면 이 같은 북한군 강제 노역 중 미군 폭격이나 피아 전투 간 많은 양민들이 목숨을 잃었다고 한다.

전쟁 후 빨치산의 의령경찰서 습격 사건

1953년 7월27일, 3년1개월 동안의 처절했던 동족상잔은 끝났다. 그러나 지리산 줄기와 이어지는 지세적 특성을 가진 의령은 오랫동안 북한군 패잔병과 빨치산 출몰로 또다시 고통을 받아야만 했다.

1953년 11월 23일, 이날은 의령 장날이었다. 당시 시골주민들은 5일장을 통해 집에서 키우던 정든 강아지까지도 팔아 생필품을 구입하곤 했다. 오래간만에 이웃 마을사람들을 만나 서로의 소식을 나누는 등 장터는 항상 작은 시골 축제의 무대가 된다. 이때 느닷없이 2대의

봉무산 공원의 전몰장병충혼탑

트럭에 분승한 무장군인들이 나타났다. 거칠게 트럭을 몰고 경찰서로 달려가는 그들을 주민들은 불안한 눈길로 쳐다봤다.

이들은 바로 국군복장으로 위장한 이영회 빨치산 부대였다. 경찰서에 들어 닥친 무장대는 곧바로 박영동 경찰서장 등 많은 경찰관들을 살상하고 일부를 납치했다. 이어서 읍내를 누비며 우체국 · 금융조합 · 군청을 방화했다. 순식간에 축제 분위기의 의령장터는 아비규환의 피비린내 나는 비극적 무대로 변하고 말았다. 수 시간의 약탈이 끝난 후 그들은 인근 용덕과 정곡지서를 습격하고 유유히 사라졌다.

당시의 순직 경찰관들을 위한 추모비가 의령경찰서 정문 옆에 자리잡고 있다. 제단 앞에 누군가 갖다 둔 국화 한 송이와 함께 그 날의 참상을 비문은 생생히 전해 주고 있었다.

의령군 명승지

의령이 낳은 훌륭한 인물들과 지역명승지

외적의 침공과 불의를 방관하지 않는 충절의 고장 의령! 이런 터전 위에서 우리 국가발전에 큰 기여를 한 훌륭한 인물들도 이곳에서 많이 탄생했다. 삼성그룹의 창시자 호암 이병철 선생의 생가도 여기에 있다. 그는 1936년 마산에서 조그마한 정미소 사업으로 출발하여 현재의 삼성전자 등을 포함한 세계적인 기업을 만들었다. 또한 한국 최대의 장학재단을 설립하여 매년 1,000여 명의 국내외 학생들을 지원하는 관정 이종환 선생도 의령 출신이다. 그가 어려운 학생들을 위해 출연한 재산은 약 8,000억원이며 곧 1조원를 눈앞에 두고 있다.

Trip Tips

의령은 훌륭한 인물 배출뿐만 아니라 빼어난 자연 경관으로도 유명하다. 읍내를 관통하여 흐르는 의령천은 손으로 떠서 마셔도 좋을 정도로 맑고 깨끗하다. 읍내에서 멀리 떨어져 있지 않은 자굴산 휴양지, 벽계관광지, 정암루(솥바위), 수도사 등은 전국적으로 이름나 있는 가볼 만한 명승지이다

6 · 25전쟁 당시 낙동강 최후전선!

–참혹했던 함안의 전쟁이야기–

경남 함안은 아라가야의 유서깊은 역사와 찬란한 문화를 간직한 고장이다. 특히 경남의 중심지로서 교통이 편리하고 마산 · 창원과 인접해 있다. 또한 6 · 25전쟁시 낙동강 최후전선으로 미군과 북한군 간 치열한 전투가 있었다. 따라서 이 지역은 전쟁에 얽힌 이야기가 아직도 많이 전해 내려오고 있다.

'신이 저주한 산'으로 불리워진 여항산

2013년 4월 이천구 대위(39사단 중대장)는 함안 여항산 유해 발굴 작업을 하면서 다시 한번 전쟁의 실상을 알게 되었다. 불과 1달 남짓 기간에 30구의 전사자를 찾았다. 온전한 시신은 거의 없었다. 추정컨대 쏟아지는 포탄으로 몸은 갈갈이 찢어졌고 뼈조각은 곳곳에 흩어져 있었다. 탄통, 철모, 신발밑창 등도 숱하게 발견됐다.

1950년 8월, 광주 · 진주를 거쳐 북한군 6사단은 마산을 눈앞에 둔 함안으로 몰려왔다. 그러나 함안의 여항산(770m) · 서북산(738m)이 그들을 가로막았다. 사실상 이곳은 UN군의 낙동강 최후 방어선! 미 25사단, 민기식 혼성부대, 전투경찰대, 일부 학도병 등 너무나 위급한 상황이라 정식 편성이 안된 임시 부대들이 적과 맞섰다. 남해안이 내려다 보이는 이 고지들은 주인이 19번 바뀌었다. 포격과 폭격으로 산꼭대기는 완벽한 황토색으로 변했다. 오죽하면 미군들은 이 고지들을 '신이 저주한 산(갓뎀산)'으로 불렀을까?

약 한 달 반 동안의 처절한 격전은 결국 아군의 승리로 돌아갔다. 그리고 대한민국은 다시 부활했다. 격전의 중심에 있었던 함안은 대부분의 가옥이 불타고 많은 사람들이 죽었다. 이런 참상을 후세들에

전쟁참상을 전해주는 여항산 함안 민안비(民安碑)

게 알리고자 함안군은 여항산에 '6 · 25격전 함안 민안비(民安碑)'를 건립하여 해마다 추모행사를 갖고 있다.

화개장터 학도병 미군에 합류하다

1950년 7월 25일 화개장터에서 북한군과 격전을 치른 여수지역 학도병들은 진주를 거쳐 8월초 마침내 함안에 도착했다. 최초 180명의 학도병은 전사 · 부상, 장거리 행군으로 불과 90여명 만 확인됐다. 지금까지 정상적으로 실탄 한 발, 쌀 한 톨 지원받지 못했다. 탄약은 주워서 사용하고 식사는 민가에 들려 적당히 해결했다. 소속된 5사단 15연대도 와해(瓦解)되어 학도병중대의 상급부대조차 없었다.

당시 참전 학도병이었던 정효명(79세)씨의 증언이다.

함안에 와서 많은 흑인병사들을 만났다. 여유있고 풍부한 전투물량을 가진 미군들을 보니 절로 힘이 솟았다. 학도병들은 미군에게 도움을 요청했다. 얻어 입은 전투복은 너무 커서 한쪽 바지에 몸통이 들어갔다. 식사 때가 되면 미군들 주변에서 어슬렁거리며 애처롭게 그들을 쳐다봤다. 마침내 어린 한국 학생들이 조국을 지키기 위해 총을 들었다는 사연을 미군들이 알게 되었다. 그리고 학도병 중대는 자연스럽게 미25사단에 합류하여 북한군과 재격돌하게 되었다.

산골 소년의 생생한 전쟁이야기

여항산 기슭에서 평생을 살아 온 안상원(78세)씨는 전쟁 당시 15세의 산골 소년이었다. 폭염이 하늘을 찌르는 듯한 8월 어느 날 밤, 여항산 골짜기는 요란한 총소리와 하늘을 수놓은 조명탄으로 순식간에 전장터로 변했다. 소년의 가족은 이불로 몸을 칭칭 감고 숨을 죽이며 밤을 지샜다. 다음날 깊은 골짜기에 방공호를 만들어 이웃 사람들과 생활했다. 가끔 낮에는 미군과 한국경찰을, 밤에는 마을로 내려온 북한군과 마주치기도 했다. 결국 뒤늦게 삼랑진으로 피난을 갔다.

누렇게 벼가 익은 9월 말경, 집으로 돌아왔다. 마을 주변은 시체로 덮혀 있었다. 전투는 끝났지만 사람들의 생활은 처참했다. 어쩌다 군용 배낭을 발견하면 운수대통한 날이었다. 모포, 건빵, 반합, 군복 등은 소중한 생필품이었다. 소년들은 버려진 총기를 쉽게 구해 장난치며 놀았다. 물론 총기 · 지뢰사고도 빈발했다. 한참 이야기를 듣다보니 흡사 TV에서 가끔 보는 아프리카 내전 국가의 총 멘 소년병사가 상상되었다. 그러나 60여 년 전, 한국인이라면 누구나 흔하게 경험했던 일상이었을 것이다.

한 · 미 혈맹의 상징! 서북산 미군장병 추모비

1995년 11월, 미8군사령관 리챠드 티몬스(Richard Tmons) 중장은 함안과 남해안이 훤히 내려다보이는 서북산 정상에 섰다. 이곳에서 미25사단 제5연대 중대장이었던 자신의 아버지 티몬스 대위가 전사했다. 1950년 8월, 아버지는 서북산으로 아귀처럼 달려들던 북한군에 맞섰다. 결국 그는 100여 명의 부하들과 함께 이 전투에서 장렬하게 산화했다. 어언 45년의 세월이 흘러 아들 티몬스는 훌륭한 군인이 되어 또다시 한국 땅을 밟았다.

이런 애틋한 사연을 알게 된 이곳 지역민과 제39사단 장병들이 서북산 정상에 미군장병들의 추모비를 건립했다. 오늘도 수많은 등산객들이 티몬스 장군의 사연이 적힌 추모 글귀를 보면서 옷깃을 여미고 있었다.

남해 외적침공을 알려주는 여항산 봉수대

조선시대 남해안 파수꾼! 봉화산 봉수대

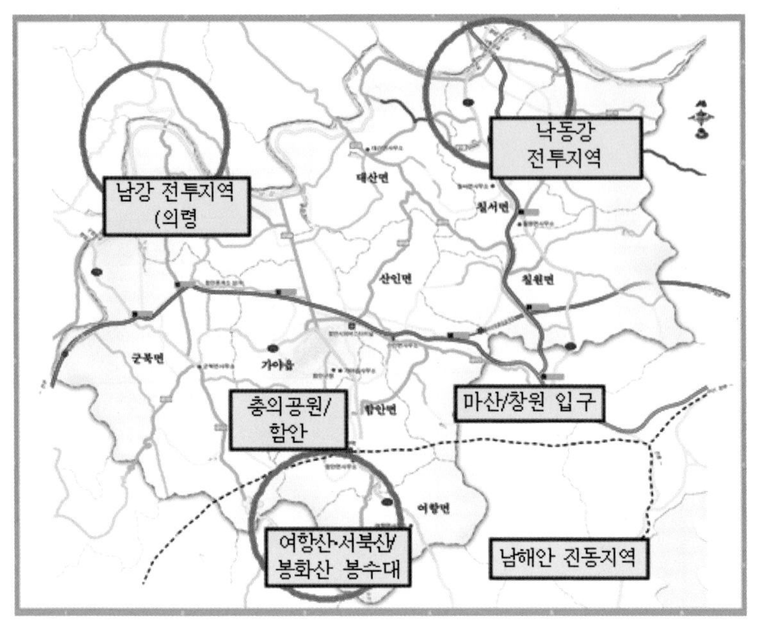

함안지도와 주요전적지

여항면의 봉화산(674m) 정상에는 조선시대에 축조된 5기의 봉수대 터가 있다. 이곳은 남쪽으로는 진동의 남해안을, 북쪽으로는 함안 · 의령일대를 한눈에 조망할 수 있다. 아직도 일부 봉수대 시설과 건물 터가 남아있다. 특히 높이2.3m, 둘레 8m의 돌로 쌓은 연대(煙臺)는 고대 봉수시설 연구에 큰 도움이 되고 있다. 벌써 수백년 전의 군사 요충지가 현대 전쟁에서도 피아간 사투를 벌리는 격전장이 되는 것을 보면서 전쟁의 역사는 역시 되풀이 되는 것으로 느껴졌다.

휴전! 그러나 지리산의 또 다른 전쟁

-최고의 청정 관광지! 산청에 얽힌 피맺힌 사연들-

산청군은 경상남도의 서북부에 위치하며 주위는 대부분 험준한 태백산맥으로 둘러싸여 있다. 특히 6 · 25전쟁 시 빨치산토벌작전으로 인하여 지역주민들이 많은 고통을 받았다. 그러나 오늘날 산청군은 그날의 전쟁 상흔을 깨끗이 치유하고 수려한 지리산 경관을 배경으로 전국 최고의 청정관광지로 발전하고 있다.

휴전 이후 빨치산과의 또 다른 전쟁!

1953년 7월 27일, 6 · 25전쟁은 전 국토를 잿더미로 만들고 드디어 막을 내렸다. 그러나 지리산 일대의 수많은 빨치산들의 광란은 끝날 줄 몰랐다. 인천상륙작전 이후 아군전선 후방에 낙오한 패잔병 및 무장 좌익세력은 약 25,000여 명. 그러나 대부분 사살되거나 체포되고 휴전 당시에는 약 1,000여 명의 빨치산이 잔존한 것으로 추정되었다

(출처: 대비정규전사, 군사편찬연구소).

이들의 토벌을 위해 육군은 1953년 12월 1일, 제5사단을 모체로 박전투사령부(소장 박병권)를 편성했다. 삼남지역에 계엄령이 선포되고 작전은 1956년 말까지 계속 되었다. 전선에서의 포성은 멎었지만 지리산 주변은 매일같이 총성이 끊이지 않았다. 전쟁연구가들도 거의 관심을 가지지 않은 '휴전 이후의 또 다른 전쟁'에서 산간마을의 순박한 민초들은 본의 아니게 말 할 수 없는 고통을 감내해야만 했다.

현대사의 아픔을 증언하는 빨치산 토벌전시관

산청군 시천면의 덕천강 상류에는 현재 학생수련원, 등산용품가게, 식당 등이 늘어선 깨끗한 시골 관광촌이 자리잡고 있다. 바로 이곳이 60 여년 전에는 살육의 현장이었다는 것이 도저히 상상되지 않았다. 그러나 바로 옆 빨치산토벌전시관과 야외상징물을 살펴보면 새삼 처절했던 당시 상황이 선명하게 떠오른다.

국군 · 빨치산 · 주민의 상징동상(빨치산 토벌기념관)

관광안내자 조종명(75)씨의 이야기.

1950년 9월, 북한군 패잔병과 지방좌익들이 후퇴하면서 대거 마을로 몰려왔다. 그들은 국군이 들어오면 주민들을 전부 학살한다고 선동했다. 일부 사람들은 그들과 함께 지리산으로 들어갔다. 당시 이 지역은 북한 돈이 통용될 정도로 정부 행정력이 미치지도 못하는 상황. 낮에는 태극기가, 밤에는 인공기가 마을 어귀에 펄럭이었다. 또한 야간에 빨치산이 주민들을 동원, 차량통행 차단을 위해 도로대화구를 만들면 다음날 경찰이 들어와 웅덩이를 다시 메꾸는 실정이었다. 그야말로 살얼음판 위를 걷는 심정으로 하루하루 숨죽이며 살았다.

이와 같은 주민생활상은 기념관 입구에 있는 M1소총(국군)과 따발총(빨치산) 아래서 젖먹이를 안고 있는 아낙네의 동상이 상징적으로 잘 보여주고 있다. 또한 산청군은 오늘날 평화의 소중함을 일깨우기 위해 당시 빨치산아지트 8개소를 등산코스와 연계하여 관광객들에게 소개하고 있다.

잔인한 김일성의 의도적인 빨치산 제거

1948년 10월, 여순반란사건 이래 지리산일대는 군경과 빨치산 간 치열한 전투가 계속되었다. 특히 김일성은 6 · 25전쟁 직전 약 2,400여 명의 무장유격대를 38선 이남으로 침투시켜 극도의 사회혼란을 조장했다. 그리고 전쟁 중에는 대규모로 늘어난 빨치산부대에 제2전선 형성을 직접 독려했다. 그러나 이들은 북으로부터 단 한 톨의 쌀, 단 한 발의 실탄도 지원받지 못했다. 오직 현지 양민들의 재산을 약탈하여 그날그날 생존해야만 했다.

그럼에도 불구하고 휴전협상 간 김일성은 적지후방부대의 안전한 북한 복귀를 단 한번도 UN군에 요구하지 않았다. 그 무렵 지리산에는 수많은 빨치산들이 절망적인 항전을 하며 처절하게 소멸되고 있었다. 이들의 의도적인 방치는 전후 남로당계 뿌리를 자연스럽게 제거하려는 김일성의 야비한 속셈이 있었기 때문이다. 그것은 전쟁의 포연이 채 걷히기도 전에 박헌영을 포함한 월북 남로당 간부들에게 미국 간첩이라는 누명을 씌워 전원 처형한 것을 보면 알 수 있다.

최후의 여자 빨치산 정순덕 이야기

1953년 7월, 전쟁이 끝나고 집중적인 토벌작전으로 지리산은 다시

산청군 장터목에서 본 지리산 전경

평온을 찾은 듯 했다. 그러나 간간히 나타나는 망실공비(亡失共匪)들로 인해 주민들의 불안감은 완전히 가시지는 않았다. 1963년 11월 12일 새벽 1시, 산청군 삼장면 내원리에서 휴전 후 무려 10 여년 동안 지리산에서 활동하던 최후의 빨치산 정순덕(여)이 잡혔다. 이때 동료 이홍이(남)는 경찰에 의해 사살되었다.

산청군 향토학자 허학수(73)씨의 증언.

1933년생인 정순덕은 17세의 나이로 시천면으로 시집왔다. 그러나 전쟁 중 좌익활동을 하던 남편이 패잔병을 따라 입산했다. 1951년 2월, 남편을 찾고자 지리산으로 들어간 정씨는 취사병, 간호부 역할을 하며 빨치산에 가담한다. 그동안 남편 성석조는 전사하고 좌익사상에 세뇌된 정씨는 끝까지 토벌대에 저항했다. 그녀의 부모는 지리산 산봉우리를 옮겨 다니며 딸 이름을 외치면서 자수를 권유했다.

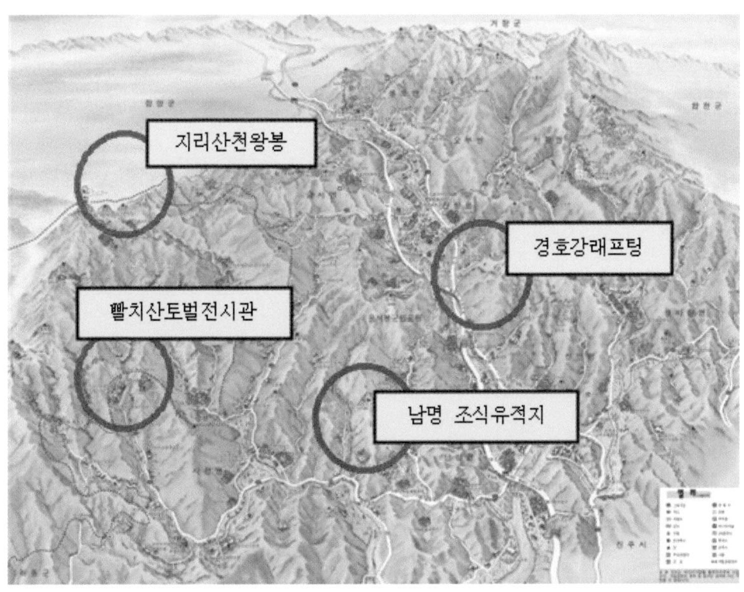

산청군 관광명소

그러나 그녀는 결국 12년 동안 깊은 산속에서 은거하다 경찰의 끈질긴 추적으로 체포된다. 생포 당시의 총상으로 정씨는 오른 쪽 다리를 절단하고 22년간 교도소에서 복역했다. 더구나 체포되기 1년 전, 그녀는 동료와 함께 자신들에게 비협조적인 화전민 형제가족(5명)을 마을사람들이 보는 가운데 잔인하게 살해했다. 최근 사회 일각에서 빨치산 정순덕을 '한국의 유관순, 잔다르크 등'으로 비유하는 것은 한마디로 난센스에 불과하다.

Trip Tips

가볼만한 산청군 관광 명소

산청군의 관광 명소는 주로 지리산 천왕봉, 대원사 계곡의 맑은 물 등 빼어난 자연경관을 중심으로 이루어져 있다. 특히 경호강의 래프팅 코스와 남명 조식선생기념관, 남사예담촌 등은 역사유적지로도 유명하다.

해군 · 해병대 발상지와 대양해군의 본향!

-진해의 근 · 현대 국방유적지-

경남 창원시 진해구는 남해안의 대표적인 군항이다. 역사적으로 진해는 주변 열강의 세력 다툼에서 국익과 관계없이 이들의 군사적 기지역할을 해왔다. 그러나 오늘날 이 도시는 해군 및 해병대의 발상지로서, 그리고 세계로 뻗어 나가는 대양해군의 본향으로 발전을 계속하고 있다.

한국 해군을 태동시킨 손원일 제독

1945년 11월 11일, 서울 종로구 옛 충훈부 건물터에 손원일과 70여 명의 청년들이 모였다. 바로 이 날은 1894년 조선 수군이 폐지된 지 51년 만에 또다시 해군이 탄생되는 날이었다. 손원일이라는 조선 청년이 그토록 꿈꾸어 오던 해군을 창설하고자 '해방병단(海防兵團)'이라는 대한민국 해군의 모체를 발족한 것이다.

손 제독의 부인 홍은혜 여사(95세)는 당시 상황을 이렇게 증언한다.

진해 기지사령부의 손원일 제독 동상

해군 창설은 나라에서 한 게 아니라 개인이 한 것이다. 아무 예산이 없었다. 먹고 입고 잠잘 데도 없었으며 바다에는 전투함 한 척 없었다. 사관생도들까지도 일본 군복을 고쳐 입고 신발은 고무신이나 사이즈가 큰 미군 구두를 신었다. 신사(紳士) 해군이 아니라 상거지였다."

이런 열악한 조건에서 일본군이 버린 낡은 함정을 수리하고 병력을 확충해 나갔다. 마침내 군함 구입을 위해 해군장병 모금과 군인가족들의 삯바느질로 15,000달러를 모았다. 이를 가상히 여긴 이승만 대통령이 45,000 달러의 예산을 지원했다. 결국 이 돈으로 1949년 10월 17일 최초의 전투함(백두산함)을 미국에서 도입했다. 1950년 6월 26일, 천신만고 끝에 확보한 바로 이 군함이 부산 앞바다에서 600여명의 북한군을 태운 수송선을 격침시켰다. 오늘날 해군 진해기지사령부 앞에는 '해군의 아버지'로 불리는 손원일 제독 동상이 만면에 웃음을 띠고 우뚝 서 있다.

일본 · 러시아 각축장! 진해 역사의 흔적

1905년 5월, 러일전쟁 중 일본은 러시아의 발틱함대를 대한해협에서 전멸시킨다. 러일전쟁은 한국과 만주의 분할권을 둘러싸고 싸운 것이었다. 그러나 일본의 국권침탈은 이미 그 이전부터 있었다. 1900년 러시아가 마산 부근을 점령하려하자 일본은 군사적 목적으로 진해지역의 토지를 억지로 매수하였다. 1904년 8월부터 일본은 진해만에 많은 포병요새를 축성하여 제4사단 포병대대를 가덕도에 주둔시켰다.

러 · 일전쟁 승리 후 일본은 진해를 군항으로 고시하고 진해방비대사령부(1912. 2월), 진해 요항사령부(1914. 3월)를 완공했다. 뒤이어 비행장, 격납고 등 수많은 군사시설을 만들었다. 이런 시설물들은 1945년 해방이후 오랫동안 미군 · 한국군이 사용하기도 하였다.

해병대 발상탑! 이렇게 증언한다

진해 덕산비행장에는 6 · 25전쟁, 베트남전쟁에서 혁혁한 전공을 세웠던 해병대 발상탑이 우뚝 솟아 있다. 그러나 해병대의 창설배경을 정확히 알고 있는 사람들은 그리 많지 않다.

1948년 10월 19일 육군 14연대의 여순반란사건. 해군 302정장 공정식 대위는 그날 저녁 여수시내 외출을 나갔다가 반란군에게 체포되어 끌려갔다. 파출소 안은 경찰관 시체가 뒹굴고 바닥에는 핏물이 흥건했다. 갑자기 잡아드린 해군장교의 처형여부를 두고 반란군들이 우왕좌왕했다. 이때 평소 안면이 있었던 하사관의 도움으로 그는 구사일생으로 탈출했다. 10월 20일 아침, 시내의 참상은 육지에서 약간 떨어진 함상에서 생생하게 목격되었다. 여수 남항부두에 붉은 기가 올라가고 살벌한 인민재판이 열리고 있었다. 당시 302정에 장착된 무기는 37M 대전차포 1문 뿐. 과감하게 육지로 접근하여 철갑탄을 사격하니 엄청난 포소리에 놀란 반란군과 시민들이 순식간에 흩어졌다. 만약 육상전투가 가능한 병력만 있었어도 훨씬 효과적인 작전이 가능했을 것인데…"(출처: 해군창설 주역 손원일 제독)

이 사건을 계기로 손원일은 해병대 창설을 구상했고 마침내 1949년 4월 15일 최초 380명의 병력으로 해병대는 탄생되었다. 뒤이어 6·25전쟁시 해병대는 역사적인 인천상륙작전과 도솔산전투 등에서 많은 신화를 남기며 오늘날 세계 최강의 군대로 성장하게 된 것이다.

해군발전사가 전시된 해사(海士) 박물관

임진왜란이 끝난 후 조선 수군은 국방에 무관심했던 위정자들로 인하여 약체의 길을 걸었다. 그 후 열강의 침입이 본격화 되자 1893년 강화도 갑곶리에 근대식 해군장병 양성기관인 통제영학당(統制營學堂)을 설치했다. 영국 해군 교관단에 의해 약 350여명의 조선청년들이 군사학, 항해술, 포술학 등을 배웠다. 그러나 일본에 의해 결국 개

• 해군사관학교 박물관과 옥포만 거북선

교 1년 만에 문을 닫았다. 또한 대한제국은 어려운 국가재정에도 불구하고 1900년대 초 신식 증기선인 양무호(楊武號)와 광제호(光濟號)를 도입하여 무기를 함정에 설치하기도 했다.

해사(海士) 박물관은 이와 같은 해군발전사 자료들을 일목요연하게 전시하고 있다. 특히 박물관 옆 옥포만의 거북선은 관람객들에게 임진왜란 당시 막강했던 조선수군의 위용을 상상하게 만든다.

Trip Tips

곳곳에 산재한 군항문화 관광지

약 100여 년 동안 군항도시로 발전해 온 진해는 곳곳에 국방유적지가 산재해 있다. 주요 문화재로는 진해우체국, 구 진해방비대사령부, 백두산함 돛대, 이승만 대통령 별장 등이 있으며 많은 해군·해병대 기념탑, 전쟁영웅 동상들을 시내에서 쉽게 찾아 볼 수 있다. 또한 창원시는 인터넷(www.changwon.go.kr) 접수를 통해 진해 군항문화탐방 단체여행 편의를 매일 제공하고 있다.

진해와 인근지역 국방유적지

발길 닿는 곳곳에 전쟁상흔이 남아있다.

-전시 수도 부산의 국방유적지-

부산은 6 · 25전쟁 중 한국의 임시수도였다. 당시 부산은 전란을 피해 전국에서 모인 피난민들의 보금자리였고 UN군 전쟁물자 하역항구로 한국을 살린 젖줄이었다. 전선에서 멀리 떨어졌던 부산에도 전쟁에 얽힌 많은 유적들이 남아있다. 특히 임시수도기념관, UN기념공원, 제1포로수용소, 40계단, 용두산 판자촌 등에는 전시관이나 표지석으로 전시 한국인들의 삶을 잘 전해주고 있다.

대한해협 전승비! 북침논리를 반박한다.

부산 민주공원의 대한해협전승비. 그러나 60여년 전 '해군 백두산함의 용전으로 북한군 부산상륙을 좌절시켰다(1950. 6. 25. 21:30, 적함 발견/ 6. 26. 01:38, 격침)'는 전승비 내용을 아는 사람들은 많

부산 민주공원 대한해협전승비

지 않다.

북한은 아직도 한국군의 북침으로 최초 6·25전쟁이 일어났다고 강변한다. 터무니없는 이 주장을 전승비는 정면으로 반박하고 있다. 당시 부산 앞바다의 북한선박은 사전 완벽한 준비를 갖추었다 해도 항해속도를 고려 시 6월 24일에는 38선 이북 항구를 출발해야만 했다. 즉 북한군은 김일성 남침계획에 따라 이미 전쟁발발 전에 38선을 넘어 왔던 것이다. 전승비 하단 전사한 두 수병의 흉상은 자신들의 희생이 오늘의 대한민국을 만들었다는 자부심에 가득찬 얼굴로 시내를 내려다보고 있었다.

영도유격부대의 잊혀진 전쟁 영웅

서울 노원구의 황철수(82세)씨는 2012년에 화랑무공훈장을 받았다.

전쟁이 끝난 지 60년 만에 그의 영웅적인 공적은 인정을 받았다. 황씨의 고향은 함북 성진. 1951년 초, 18세 나이로 피란 온 고향 친구들과 영도유격부대에 자원입대하였다.

1951년 9월 어느 날 밤, 그는 35명의 동료들과 함께 함경북도 관모봉(해발 2542m) 꼭대기에 몸을 던졌다. 하늘을 찌를 듯한 수목들이 발아래서 순식간에 올라오고 "우지끈! 쿵! 꽝!" 장비를 묶은 낙하산, 배낭 등은 나무에 사정없이 부딪혔다. 개마고원 겨울은 영하 40도까지 떨어졌다. 살인적인 추위와 굶주림 속에서 많은 동료들이 죽어갔다. 그러나 이런 악조건을 극복하며 약 1년간 적지를 누비며 그는 혁혁한 전공을 세웠다.

1952년 8월, 생존대원 17명은 귀환을 위해 적진을 돌파하여 동해안 성진에 도착했다. 어머니가 있는 고향을 지나면서도 들릴 수 없었다. 퇴출 중 8명이 안타깝게도 전사했다. 가까스로 작은 보트를 탈취하여 죽을 힘을 다해 노를 저었다. 뒤이어 북한군 기관총탄이 근처로 쏟아졌다. 붉은 예광탄과 바닷물을 맞고 튀어 오르는 총탄이 아슬아슬하게 스쳐 갔다. 마침내 지나가는 미군 함정에 발견되어 구사일생으로 그들은 부대로 복귀할 수 있었다.

아버지의 적진 침투! 못 전해준 아들의 선물

전국 최고의 관광 명소 태종대를 걷다보면 6 · 25전쟁 시 영도유격부대 활동상을 자세히 소개하는 대형 입간판을 볼 수 있다. 심혈을 기울려 만든 이 안내도는 영도부대장(53사단. 이상철 대령)이 이름 없는 영웅들의 공적을 세상에 알리고자 관광객들이 가장 많이 몰리는 이곳에 설치했다.

무명용사추모비 및 작전요도(좌:이경훈 우:강근휘)

당시 부대원 이경훈(81세)씨와 강근휘(82세)씨의 증언. 이들은 북한에서 반공투쟁을 하다 남쪽으로 피난을 왔다. 부모형제들은 대부분 고향에 남았다. 그들은 고향을 되찾기 위해 주저 없이 유격부대에 지원했다. 특히 이씨는 홀로 피난 온 아버지(이학영. 당시 51세)를 우연히 부대에서 만났다. 아버지 소원은 오직 고향(강원도 회양)에 있는 아내와 아홉 자녀들을 다시 만나는 것이었다. 아들은 3개월간의 특수훈련을 받으러 일본으로 갔다. 귀국하면서 아버지를 위해 양담배 한 보루를 가져왔지만 아무리 찾아도 아버지는 없었다. 어느 날 동료가 침통한 얼굴로 "아버지는 한 달 전 강원도 원산으로 투입되었지만 연락이 끊어졌다"라고 전해 주었다. 실낱같은 희망으로 아버지소식을 60년 기다렸다. 결국 아들의 애틋한 선물은 끝내 아버지께 전해주지 못했다.

전쟁 중 1,200명의 부대원 중 약 800여 명이 공중 · 해상으로 북한에 투입됐다. 그러나 생환자는 불과 26명. 아무런 보상을 바라지 않고 조국을 위해 초개같이 목숨을 바친 이들의 영웅담은 이제야 서서히 후세에 알려지고 있다. 부대해체 후 이들 손에 쥐어진 것은 '미 극동공군 기술분석단 복무'라는 알쏭달쏭한 증명서 1장과 낡은 군복 한 벌. 이로 인해 상당수의 대원들은 한국군에서 다시 군복무를 마쳐야만 했다.

전시 장교양성의 요람 육군종합학교

1950년 8월 15일, 부산 동래고등학교에서 전시 장교양성을 위한 육군종합학교가 창설되었다. 백척간두의 조국을 지키고자 젊은이들이 구름처럼 모였다. 지원자들은 고교졸업자, 대학재학생이 주류였으나 교사, 대학교수, 전직 일본군 · 광복군 장교출신들도 있었다.

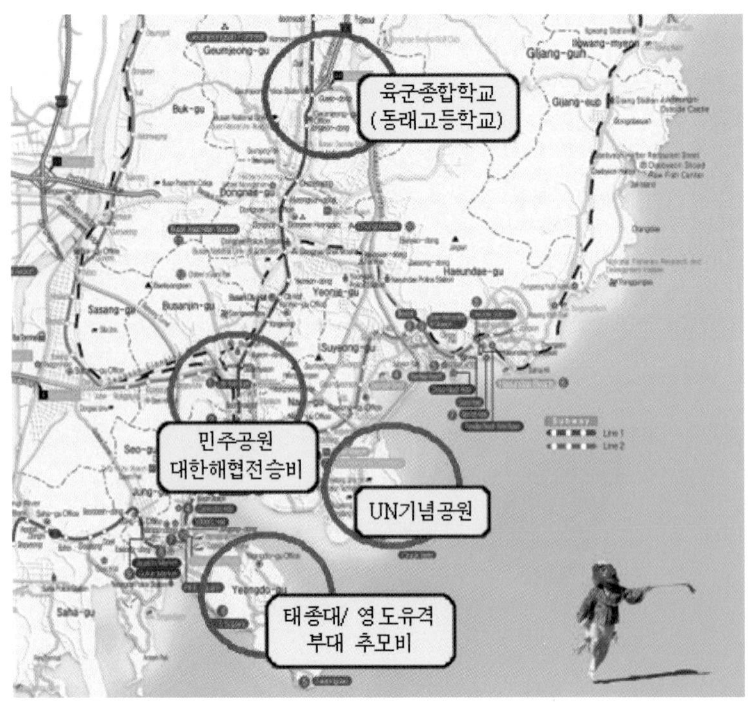

부산지역 주요 국방유적

전쟁 중 배출한 장교는 총 7,267명. 그 가운데 전사 1,377명, 부상 2,256명. 즉 졸업생의 전사상자 비율은 약 50%. 결국 이들의 희생이 대한민국을 구했다. 당시 학교본부는 동래고에, 학생연대는 내성국교 · 동래여고에 있었다. 동래고 역사관장 안대영(77세)씨는 신입생 학교소개시간에 반드시 '민족학교 동래고와 육군종합학교', 그리고 '전쟁의 비극'에 대해 이야기해 주고 있다. 또한 학교 역사관에는 당시의 기록사진이, 교정에는 육군종합학교 전우회 기념식수와 표지석이 남아있다. 아직도 과거 전쟁에서 캐낸 생생한 역사교훈을 신세대에게 철저하게 교육시키는 훌륭한 선생님들과 학교가 있다는 자체가 놀랍기만 하였다.

듣지도 알지도 못한 한국을 위해 싸운 UN군 전적지

-용인시에 얽힌 터키군 이야기-

용인시는 한반도와 경기도의 중심에 위치한다. 용인은 중요 군사거점지역이며 경부 · 영동고속도로 및 4개의 국도가 동서남북을 지나는 교통요충지이다. 따라서 한반도 주요 전쟁사에서 '용인'은 수시로 등장한다. 용인시는 2014년이면 지명 600년을 맞는다. '용인'은 조선 태종14년(1414), 용구현과 처인현이 병합되면서 탄생했다.

따듯한 환영에 눈물 주체 못한 참전용사

한국전 참전용사 메흐멧씨(84세)는 터키 카이세리시(市)에 살고 있다. 그는 자매도시인 용인시 초청으로 수년 전 한국을 방문했다. 가는 곳 마다 따듯하게 맞아주는 한국인들의 환영에 노병은 쏟아지는 눈물을 주체할 수 없었다.

1951년 1월 25일, 그는 용인에서 중공군과 치열한 전투를 치루었다. 터키군은 백병전에서 1명당 40명의 중공군을 격파했다. 확인된 500여 명의 적사망자는 대부분 개머리판에 턱이 깨지고 총검에 찔린 흔적이 있었다. 당시 30분간의 백병전은 미국 UPI 기자가 생생하게 전 세계에 타전했다.

그러나 메흐멧은 방한 중 이런 무용담 회고보다는 자신이 도와주었던 어린 소녀(당시 4세, 이름은 '아이차')를 꼭 찾아보고 싶었다. 그 당시 한국은 너무나 비참했다. 한 소녀가 비 내리는 진흙탕에서 혼자 떨어져 울고 있었다. 많은 피난민들이 지나갔지만 아무도 관심을 두지 않았다. 그래서 그 아이를 병영으로 데려와 돌보아 주었다. 60여년 후 메흐멧은 이 소녀사진을 가져왔지만 끝내 만나지 못했다. 터키군은 전쟁 중 '수원 앙카라학교'를 비롯하여 약 50여개의 고아원학교를 세워 한국을 도왔다.

이런 터키군의 활동을 생생히 전해주는 참전기념비는 영동고속도로

마성IC 부근 터어키군 참전기념탑

마성IC 부근에 있다. 6 · 25전쟁 시 터키군은 약 15,000여 명이 참전하여 3,600여 명의 사상자가 있었다.

지옥의 포로수용소에서 유일하게 전원생환

1951년 3월, 압록강가의 벽동(제5포로수용소)에 약 3,200여 명의 UN군 포로가 있었다. 공산군의 포로대우는 가혹했다. 겨우 연명할 정도의 형편없는 급식과 난방 없는 임시 막사. 그 해 10월까지 수용소의 포로 약 절반이 죽었다. 굶주림 앞에서 계급, 동료애, 애국심을 헌신짝처럼 버리는 경우는 다반사. 전우의 죽음을 슬퍼하기보다 그가 남긴 옥수수 낱알에 더 관심을 가졌다. 공산군은 생존에 급급한 포로들을 의도적으로 분열시켰다. 그러나 이런 상황에서도 엄격한 군기를 유지하고 약한 동료를 헌신적으로 보살피는 군인들이 있었다. 이들은 바로 "전장의 전우는 형제보다 더 가깝다!"는 오랜 전통을 가진 강인한 터키군. 그들은 동료환자를 위해 기꺼이 자신의 식사을 양보했다. 또한 주변의 쥐, 지렁이, 굼뱅이를 잡아 구워 먹으며 영양을 보충했다. 천만다행으로 터키어로 심문할 수 있는 공산군은 아무도 없었다. 영어를 아는 장교들은 당연히 '모르쇠'로 일관했다.

수용소에서 터키군 약식재판에 초청받은 슐리히터(Suliheat) 미군상사의 증언.

"약간의 음식을 더 얻고자 터키 병사가 중공군에게 다소 비굴하게 행동했다. 곧 그는 군사재판에 회부됐다. 죄목은 '군인명예실추'. 유죄판결과 동시에 그는 동료들에게 집단구타를 당했다. 이어서 피고를 두둔했던 병사도 똑같이 두둘겨 맞았다. 그는 재판형식을 갖춘다고 억지로 지명한 변호사 포로임에도 불구하고…" (출처:This kind of war, T. R. Fehrenbach)

터키군은 지옥같은 수용소에서 2년간을 강한 의지와 단결력으로 끝까지 버티었다. 그리고 단 1명의 낙오자 없이 234명 전원이 고국으로 생환하게 된다. 그러나 한줌의 옥수수에 동료를 밀고하고 양심을 팔았던 일부 UN군 포로들은 정전 후 결국 북한이나 중공에 남을 수밖에 없었다. 왜냐하면 귀환하면 '조국 반역죄'에 대한 가혹한 처벌이 기다리고 있었기 때문에…

민초들의 대몽항전 승전지 처인성(處仁城)

용인시 남쪽에 있는 처인성은 주변평지 위에 우뚝 서 있는 토성이다. 성의 둘레는 425m. 원래 고려시대의 군창(軍倉)으로 사용된 곳으로 추정된다.

현지를 답사하면 얼핏 성곽은 밋밋하고 그 규모도 보잘 것 없이 느껴진다. 그러나 몽고군 2차 침공이 있었던 고려 고종 19년(1232년) 9월, 적장 살리타이가 민초들의 끈질긴 항쟁에 무릎을 꿇었던 곳이 바로 여기다. 당시 전 국토는 초토화되고 고려군은 대부분 강화도로 건너가 항전 중 이었다.

처인성 표지석과 토성 전경(뒷편)

이 때 처인성 부근의 민초들과 승장(僧將) 김윤후는 외딴 토성 안에서 필사적으로 몽고군을 대적했다. 고려의병을 얕잡아 본 적장 살리타이는 처인성에 근접하여 전투지휘 중 김윤후의 화살에 맞아 비명횡사한다. 결국 침공군 우두머리의 전사로 몽고군은 퇴각할 수 밖에 없었다. 지금도 성의 북쪽벌판은 '사장터(살리타이가 사살된 장소)'라고 불린다.

호국정신 선양을 위한 용인시의 배려

용인시 참전유공자회 회장 유오희 씨(82세). 그는 시청에 들릴 때 마다 과거 자신의 자원입대(학도병)에 대해 늘 자부심을 느낀다. 용인시는 전국 지방자치단체 중 최초로 시청 중앙현관에 '참전용사기념관'을 설치하고 시민 휴식공간으로 병행 활용하고 있다. 기념관 벽면에는 용인 출신 6·25 및 베트남전 참전용사 9,180명의 이름이 적혀 있고 전시관에는 참전자들의 훈장, 진중일기, 전선편지, 사진 등이 비치되어 있다.

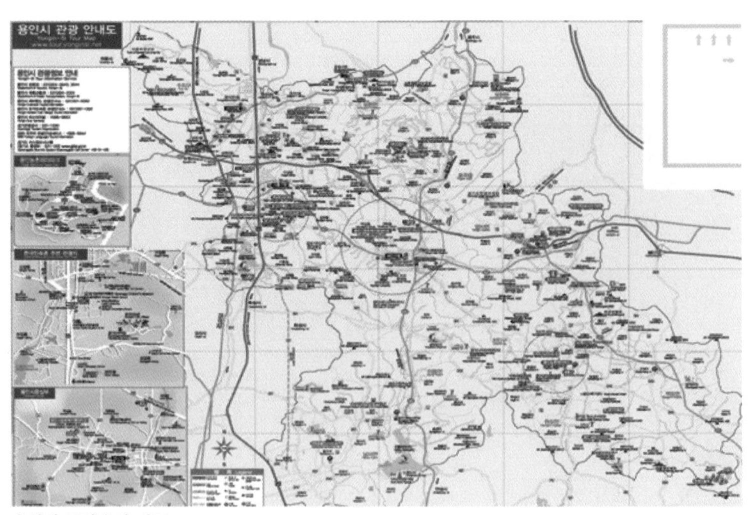

용인시 국방유적 지도

북녘 땅이 손에 잡히는 '신비의 섬'과 전쟁

-서해 최북단 백령도의 국방유적-

백령도는 인천에서 191Km 떨어진 서해 최북단 섬으로, 북한과 가장 가까이 위치해 있다. 장산반도 10Km 앞의 백령도는 북한입장에서는 눈의 가시와 같은 존재. 섬 곳곳에서 느껴지는 해병대의 임전태세, 눈앞의 북한 섬 등은 우리 안보현실을 절로 체험하게 된다.

적의 옆구리에 비수를 들이대다

백령도는 북한 옆구리를 겨눈 비수의 형상이다. 김일성에게 이 섬은 목에 걸린 가시같은 존재였다. 따라서 6 · 25전쟁 발발과 동시 북한군 400명을 백령도에 상륙시켜 신속히 점령한다. 북한군은 많은 반공인사들을 학살하고 주민들을 강제노역에 동원하다가 후퇴했다.

뒤이은 1951년 1 · 4 후퇴. 수만 명의 평안 · 황해도 피난민들이 백령도로 몰려들었다. 자연스럽게 고향을 되찾고자하는 청년무장단체가 결성되면서 UN군 유격부대가 생겨났다. 현대판 의병부대의 탄생이다. 이들은 '동키, 8240, 켈로' 등으로 불려지며 약 20여개 부대 30,000여 명이 동 · 서해안에 포진했다. 아직도 당시 유격부대 막사, 연병장, 우물터, 벙커, 충혼비 등은 백령도 곳곳에 안보유적지로 남아 있다.

해병 및 유격부대 NLL확보에 결정적 역할

해병 제41중대는 1951년 4월말 경 백령도에 상륙했다. 이어서 6월에는 대동강 하구의 초도 · 석도까지 점령한다. 청천강과 대동강 하구의 주요도서는 UN유격부대 혹은 한국해병대가 거의 장악했다. 이런 상황에서 휴전회담은 진행되었다.

교동도 유격부대장 박상준(89세)씨의 증언.

6 · 25전쟁 당시 유격(동키)부대 본부막사

NLL 확보는 사실상 유격부대가 있었기에 가능했다. 북한 해·공군은 완전 괴멸상태로 서해통제는 불가능했다. 그러나 공산측은 영해 12해리(당시 국제 관행상 3해리)를 주장하며 해상분계선을 한강에서 서해로 직선으로 긋자는 억지를 부렸다. 서해 5개 도서와 황해도 중간기선을 분계선으로 하자는 UN군 제안(현 NLL선)을 북한은 거부했다. 즉 김일성의 협상목표는 38선 이북도서와 서해바다를 확실하게 확보하는 것. 결국 우리는 청천강·대동강 부근의 모든 도서를 휴전 직전 공산측에 고스란히 넘겨주고 말았다.

UN군의 북방한계선 선포(1953. 8.31)통보를 받고 김일성은 쾌재를 불렀다. 북한은 공식문서 '조선중앙연감(1959.11.30)'에도 NLL선을 해상분계선으로 분명하게 표기했다. 또한 북한은 1973년 전까지는 단 한 차례도 NLL문제를 제기한 적이 없으며 오히려 항상 이 해상분계선을 인정하고 협상에 임해왔던 것이다.

알려지지 않은 유격부대 전설

북한지역에서 신출귀몰하는 유격부대 활약상은 실로 눈부셨다. 고향의 가족 · 친지들은 목숨을 걸고 대원들을 도왔다. 약 1,600여 명의 대원들이 항시 북한 내륙에 은거하고 있었다. UN군 수집첩보의 50% 이상을 유격대원들이 제공했다. 적지에 추락한 약 1,000여 명의 항공기 승무원 중 1/3 이상을 이들이 구조했다. 또한 적 사살 69,000여 명, 보급기지 파괴, 아군함포 및 폭격유도 등으로 혁혁한 전과를 올렸다. 당시 북한노동신문은 아군유격부대(특무 · 공중비적 등으로 표기)에 관련된 기사를 거의 매일 언급하고 있다.

인천에 거주하는 백호유격부대 전우회장 민병렬(84세)씨 증언.

우리는 백령도 · 월래도를 발진기지로 하여 황해도에서 치열한 유격전을 전개했다. 장비는 빈약했고 보급은 열악했다. 그러나 작전이 계획되면 대원들은 앞 다투어 지원했다. 명단에서 빠진 사람은 막사 밖으로 나와 통곡하기도 했다. 침투는 야간에 주로 범선을 이용했다. 속도는 느렸지만 적 R/D망을 피할 수 있었다.

1951년 6월, 장산반도에서 적의 기습을 받았다. 대원들은 분산되었고 개인별로 빤히 보이는 백령도로 돌아와야 했다. 그러나 그는 부상당한 동료 김태성(작고)을 차마 남겨두고 올 수 없었다. 두 사람은 바위틈에 숨어 수일간을 버티다가 포위망을 벗어나 박석산(595m)에 몸을 숨겼다. 물에 불린 생쌀과 개구리, 산열매로 견디다 7월에 극적으로 귀환했다.

5인의 불사조 적진을 돌파하다

1953년 7월 27일 정전협정 조인. 그러나 북한내륙의 일부 대원들은 전쟁이 끝난 사실을 몰랐다. 평양 부근에서 작전 중인 최일성 외 4명은 뒤늦게 전쟁이 끝난 것을 알았다. 이미 본대와는 연락이 두절된 상황. 그들은 구월산(937m)에서 예성강을 거쳐 휴전선으로 퇴출하기로 했다.

현재 유일한 생존자 최일성(수원시 거주)씨의 회고담이다.

구월산을 출발해 끈질기게 추격하는 북한군을 따돌리며 약 200Km의 적지내륙을 돌파했다. 며칠씩 예사로 굶으며 풀뿌리 · 콩 · 고구마로 겨우 연명했다. 오직 애타게 기다리는 전우들만을 생각하며 모든 난관을 극복했다. 1953년 10월14일, 결국 중부전선 휴전선의 아군에게 발견돼 5명 모두 구출됐다.

그 후 최씨는 한국군으로 4년간 더 복무했다. 그러나 적지활동에 대한 기록 부재로 현재까지 무공훈장 하나 받지 못했다. 물론 별다른 포상이 없었던 것을 그는 조금도 섭섭하게 생각하지 않았다. 이처럼 영웅적인 유격부대 이야기는 백령도 전적비에 잘 나타나 있다.

그러나 해마다 열리는 추모행사 참석자는 최근 눈에 띄게 줄었다. 이들이 신세대에게 바라는 작은 소망은 "섬을 찾는 관광객들이 이 추모비에 어린 처절했던 과거 전쟁의 역사에 대해 조금이라도 관심만 가져 주었으면…" 하는 것이다.

Trip Tips

세계 2곳 뿐인 천연 비행장과 백령도 관광명소

길이 3Km, 폭 250m의 사곶해안은 천연 비행장 겸 해수욕장으로 유명하다. 세계에서 이탈리아 나폴리와 이 곳 뿐인 천연 비행장은 규모면에서 세계 최대이다. 특히 이 비행장은 6 · 25전쟁 시 수송기 이 · 착륙장 및 피격 당한 아군기 불시착 장소로 긴요하게 활용되었다. 또한 백령도는 1896년 한국에 3번째로 세워진 중화동교회, 형형색색의 조약돌이 뒤덮고 있는 콩돌해안, 서해 해금강 두무진, 심청각 등 가 볼만한 많은 관광지를 갖고 있다.

백령도 해변의 천연(사곶)비행장

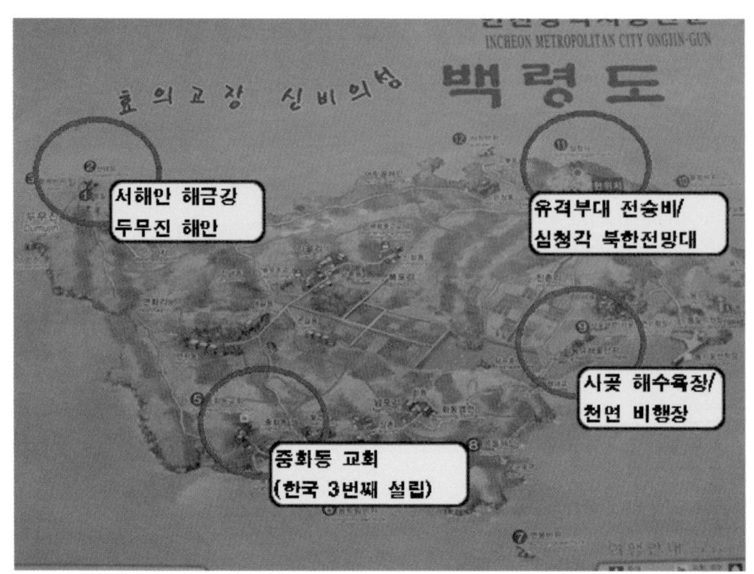

백령도 국방유적지 및 주요 관광명소

후 기

해외 전사적지 답사 중 가장 어려웠던 것은 역시 교통편이었다. 군사박물관에서 그 국가의 전사적지 위치를 세부적으로 파악하고 주로 기차나 버스를 이용하여 목표 지역에 가장 근접한 도시에 도착하곤 했다. 그러나 문제는 주로 오지에 있는 현장에 가기 위해서는 택시, 자전거, 도보 등의 방법을 택할 수밖에 없었다.

때로는 같은 목적지의 여행자를 만나기도 하였으나 동행하기 쉽지가 않았다. 또한 유럽의 전사적지 기념관은 1주에 2-3회 개방하는 경우가 허다했다. 어렵게 현장을 찾았으나 기념관이 문을 닫거나 일시적으로 폐쇄되어 있는 경우도 있었다. 만약 관리자가 있을 경우에는 동양의 '코리아'라는 나라에서 이 곳 답사를 위해 어렵게 왔으니 부분적으로나마 개방해 줄 수 없느냐고 사정하면 가끔씩은 호의적으로 받아주기도 하였다.

아울러 숙소와 식사문제 해결도 쉽지 않았다. 물론 매번 이동할 때 콜택시를 부르고 근처에서 가장 쾌적한 호텔에 투숙하면 모든 문제는 깨끗하게 해결된다. 그러나 이런 여행은 1달 간의 답사를 1주일로 줄여 일반 관광단

체팀에 합류하는 것과 동일하다. 필요한 정보는 인터넷을 통해 정리하면 될 것이고···. 최소의 비용으로 최대로 많은 전적지와 생생한 현장감을 느껴보고자 원했기 때문에 다소 고생스럽더라도 배낭여행을 할 수 밖에 없었다.

특히 군사박물관이나 전사적지 현장에서 만난 참전자나 그 후손들과의 대화는 여행의 진미를 더하게 했다. 미국을 포함한 선진 군사강국의 여행객들이 압도적으로 많았지만 그들의 전쟁 인식을 부분적으로나마 파악할 수 있었다. 중동지역에서 □게 만날 수 있는 이스라엘, 이집트, 팔레스타인, 요르단 등의 젊은 군인들을 통해 그 나라의 병역제도, 신세대의 국가관 등을 알 수 있었던 것도 큰 성과였다. 제한된 시간과 언어 소통의 미숙함을 극복하기 위해 대화 내용을 수첩에 기록하여 상대에게 그림, 숫자 등을 보여주며 확인하기도 했다.

프랑스 스당 지역의 전사적지를 답사하면서 1930년대 축조된 주변 산턱에 있는 견고한 중대본부용 벙커에 들어 가 보았다. 마지노 방어선의 북단으로 흡사 한국의 휴전선 방어진지 벙커와 너무도 흡사했다. 단지 스당의 벙커는 약 80여 년 전 독일군 침공에 대비하여 만들어졌고 한국의 전방 벙커는 40여 년 전 북한의 공격에 대비하여 만든 것이 다를 뿐 이었다.

1980년대 초 영하 20도를 오르내리는 추운 겨울, 강원도 양구 북방의 최전방 산꼭대기에 구축된 중대본부용 벙커에서 수시로 숙영하며 훈련을 한 적이 있다. 찬바람이 사정없이 총안구 안으로 몰려오면 모포와 판쵸우의로 병사들과 몸을 감싸고 추위와 싸우기도 하였다. 그런데 이 곳 프랑스와 독일의 국경 지대에도 너무나도 똑같은 형태의 벙커가 수도 없이 널려 있었고 당시의 프랑스 장병들이 자기의 조국을 지키기 위해 피눈물 나는 고생을 했을 것이라 생각하니 만감이 교차했다.

프랑스 알사스 로렌지역의 독일군 게트랑제 요새도 마찬가지였다. 지금으로부터 약100여년 전, 독일은 프랑스의 침공에 대비하여 10년 간의 대역사 끝에 거대한 방어진지를 만들었다. 요새 벽의 콘크리트 두께는 4m였고 약 2,000여 명의 장병들이 프랑스 국경 지역을 내려다보며 항상 전투준비를 하고 있었다. 요새를 중심으로 넓게 퍼져있는 교통호와 개인호는 현재 한국의 전방진지보다 더 완벽한 방호시설을 갖추고 있었다. 즉 교통호속의 소총병을 공중폭발 포탄으로부터 보호하기 위해 두꺼운 철판으로 상부를 덮은 개인호를 군데군데 설치하였다.

이런 거대한 요새 구축을 위한 공사 과정도 현지 기념관에 사진으로 잘 전시하고 있었다. 대형 화포를 기중기와 인력으로 산으로 옮기는 장면, 국경지대와 요새 간의 전술 도로 개설을 위해 개미떼처럼 달라붙은 수만 명의 공사장 인부, 요새 외곽 방어를 위한 거대한 해자 건설 등 당시 독일의 전역량을 자신들의 생존을 위해 쏟아 붓고 있는 느낌이 절로 들었다.

그러나 우리나라의 경우 조선시대의 성곽축성 이외 근현대 역사 중 모든 국가역량을 결집하여 만든 군사유산은 찾아보기 힘들다. 얼마 전 과거 한국전쟁 당시 북한군 공격으로 구멍이 뻥뻥 뚫린 38선 부근의 벙커가 도로확장으로 철거 위기에 놓인 적이 있었다. 6 · 25전쟁 시의 벙커 존폐 여부를 두고 논란이 생기는 것을 보고 우리의 전쟁유산 인식이 어느 수준인가를 느

가족들과 함께하는 이스라엘군 부사관 임관행사장

낄 수 있었다. 다행히도 이 6 · 25 벙커는 아직도 남아 있는 것으로 알고 있다.

수년 전 필자는 중동지역 전적지 답사 간 우연한 기회에 이스라엘군 분대장 임관식을 참관하게 되었다. 이스라엘의 병역제도는 남성은 36개월, 여성은 24개월 의무적으로 군복무를 한다. 군복무간 병사들 중 가장 우수한 남녀 군인들을 선발 4개월 간의 분대장 교육 과정을 거친 후 초급 부사관으로 임관시킨다. 넓은 광장에 모인 천여 명의 임관자들과 그 이상의 가족들로 행사장은 인산인해를 이루었다.

자신의 딸이 어려운 훈련 과정을 끝내고 마침내 부사관이 되었다고 자랑하는 어머니와 자매들, 그리고 1973년 10월 전쟁 참전용사인 아버지가 아들의 계급장을 어루만지며 감격해 하는 모습 등에서 많은 것을 느꼈다.

내친 김에 참전용사에게 팔레스타인, 아랍국가, 이스라엘 관계에 대해

부사관으로 임관하는 딸을 현수막으로 격려하는 어머니

물었다. 답변인즉 “우리는 아랍국가, 팔레스타인과의 전쟁에서 밀리면 지중해, 갈릴리 호수에 빠져 죽습니다. 우리 선조 600만 명이 가스실에서 죽어 갈 때 당신네 나라에서 어떤 도움을 주었습니까? 인류애, 세계평화, 국제관계 등도 우리가 생존하고 난 다음의 이야기요” 그들은 “힘이 없는 평화 구호는 한낱 공염불에 지나지 않는다!” 진리를 뼛속 깊이 깨닫고 있는 듯하였다.

적어도 이스라엘인들의 상무정신과 애국심은 세계 어느 민족보다도 투철하며 주변 어느 국가든 이스라엘을 무력으로 굴복시킨다는 것이 불가능하다는 것이 분명했다. 군의 초급 간부 임관을 전 국민들이 축하해 주는 분위기니 장교 임관은 아마 ‘가문의 영광’으로 생각하고 있을 것이다.

왜 안보적 상황은 한국과 이스라엘이 너무도 비슷한데 국민들의 군에 대한 인식은 왜 이렇게 다를까? 역사적으로 우리 국가의 지도층은 “전쟁과 생

골란고원 국경을 순찰 중인 이스라엘 여군 분대장

존”의 문제는 자신들과는 아무 관계가 없는 것으로 생각했다. 우리는 조선시대 이후 단 한 번도 스스로 나라를 지켜본 경험이 없었다. 조선은 ‘문존무비(文尊武卑)’ 사상의 팽배로 정치지도자들과 양반계급의 상무정신은 사라지고 국방력 강화는 먼 나라의 이야기로만 생각하고 있었다.

아래에 제시하는 조선시대의 역사적 사례가 그 당시 국가안보에 대한 지도층의 사고를 나타내는 것 같아 씁쓸한 기분을 숨길 수 없다.

“조선시대 과거제도는 문과(文科: 행정고시), 잡과(雜科: 기술고등고시), 무과(武科:군 간부 선발고시)가 있었다. 문과와 잡과에는 조선의 청년들이 구름같이 몰려들었다. 그러나 사대부 집안의 자제가 무과에 응시하는 것은 가문의 수치로 여겼다. 오죽 하면 이순신 장군도 수시로 ‘내 자손들만큼은 절대 무과에 응시하지 말라’라고 이야기했다. 덕수 이가(李家) 집안에서 오늘날까지 전해 내려오는 이야기이다(출처: 조선의 부정부패와 멸망의 길)”

결국 조선은 국가 지도층의 국가안보에 대한 무관심으로 결국은 썩은 고목나무 쓰러지듯이 허망하게 무너지고 말았다. 어쩌면 오늘날 군에 대한 사회적 인식이 과거 조선시대와 비슷하지 않을까? 하는 생각이 들기도 한다. 부디 필자의 기우이기를 바란다.

이처럼 세계 전쟁유적지를 답사하다 보면 자연스럽게 여행자는 한반도의 지정학적 운명에 대해서 깊게 고민하는 순간을 갖게 된다. 결국 우리 민족의 미래 생존을 위해 지혜로운 외교정책과 강한 국방력의 필요성을 스스로 절실하게 깨닫게 되는 것이다. 특히 국가안보문제에 대해 점점 더 관심이 소홀해져 가는 신세대들이 세계여행 중 이같은 전사적지 답사를 통해 애국심과 호국정신이 고양되기를 기대하는 마음도 간절했다.

앞으로 미처 답사하지 못한 아프리카 · 북미 · 중남미의 전쟁유적을 직접 확인하고서 '세계의 전사적지를 찾아서' 시리즈를 완결할 계획이다. 또한 답사를 마친 아시아 및 기타 국가들의 자료는 집필 작업을 계속 중에 있다. 아무튼 세계 전사적지 시리즈 발간을 통해 국민들이 우리의 생존을 위해 전쟁역사에 대해 좀 더 관심을 갖는 계기가 되기를 바란다. 또한 전쟁사에 관심을 가진 독자들이 해외여행 시 본 내용을 참고하여 전쟁유적을 직접 방문하는데 조금이라도 도움이 된다면 이 책의 출간 목적은 100% 달성되었다고 필자는 만족할 것이다.

찾아보기

신종태 교수의 테마기행 시리즈

제1권 서유럽·북유럽

최강 부대 코만도 수백 개 군사박물관 즐비한 영국! | 워털루의 세계 최고 **대영제국박물관** | **국회의사당 안에 안장된** 무명용사들과 160만 명 전·사상자 | 노르망디 상륙작전 **프랑스** | **캉 전쟁기념관**에서 만난 1억 명의 연합군 전·사상자 | 프랑스를 넘어뜨린 완벽한 요새 **마지노라인** | 노블리즈 오블리주의 발상지 **깔레** | 독일의 역사반성, 베를린 **유대인학살박물관** | 히틀러의 애인 **에바 브라운의 최후** | **비스마르크** 어떻게 프랑스를 격파했나? | 영세중립국 **스위스의 평화**, 그 뒤에 숨겨진 땀과 눈물 | 제1차 세계대전 신호탄 **사라예보의 총성** | 영화 '사운드 오브 뮤직'과 **잘츠부르크** | 80년간 단 하루도 거르지 않고 추모 행사를 하는 **벨기에** | 풍차 뒤에 가려진 전쟁 참화 **네덜란드** | '안네의 일기'와 **암스테르담 레지스탕스박물관** | 영화 '머나먼 다리'의 **아른헴 대교** 목숨을 줄망정 양보는 없다 | 700명 군대의 나라 **룩셈부르크** | **한국전쟁 참전 경쟁률** 10대 1이었던 이유 | 한국전쟁의 천사 **유틀란디아 병원선** | 전쟁 막은 **스웨덴의 고슴도치 전략** | 핀란드 **스오맨린나섬 군사박물관** | 한국 여행객 넘쳐나는 **헬싱키 마켓광장** | 히틀러에게 가장 먼저 짓밟힌 **노르웨이** | **베르겐 육군박물관**과 특수공작원 | 한국 여행객이 누비는 군대 없는 **아이슬란드** | 영국과 "날 죽여라!" 바다 고기 **대구전쟁**

제2권 동유럽·남유럽·북아프리카

독소전쟁 4년 참상의 기록 **모스크바 전쟁박물관** | 냉전시대 무기 총망라 **러시아 군사박물관** | 인류 최악의 전투현장 **스탈린그라드 전쟁유적** | 러시아 함대 발진기지 **상트페테르부르크 군항** | 패전국의 서러움 가득한 **헝가리 군사박물관** | 천년제국의 영광과 비애 **다뉴브 강** | **체코**의 비극, 영화 '새벽의 7인'의 처절한 전투의 흔적 | 유고연방 **세르비아 군사박물관**서 본 게릴라 투쟁의 역사 | 한 눈에 들어오는 불가리아 전쟁사 **소피아 군사박물관** | 루마니아 독재자 **차우셰스쿠 인민궁전** | 한 평 공동묘지에 묻힌 **처형된 독재자 부부** | 패전국 폴란드의 비극 **카틴숲 학살기념관** | 유대인 학살현장 고스란히 간직하다 **아우슈비츠 수용소** | '유럽의 빵바구니' **우크라이나** 몰락의 역사 | 크림반도 전쟁사료 **키예프 군사박물관** | 스페인 **마드리드 해군박물관과 무적함대** | 로마, 이슬람, 가톨릭으로 이어진 **스페인 전쟁사** | 무적함대가 숨 쉬고 있는 **바로셀로나 요새** | 조선과 일본이 탐냈던 해양대국 **포르트갈 조총** | **이탈리아 군사박물관**에서 로마제국의 후예를 보다 | 전쟁 포화 속에서 오롯이 보존된 **로마문화 유적들** | 폴란드군의 용맹과 **몬테카시노 수도원** | 그리스의 자부심 **데살로니키 군사박물관** | 300년 역사 **지브롤터 요새** | 카이로의 **시타텔 군사박물관** | 사막의 혈투 **알라메인 전장 유적** | 알렉산드리아의 **카이트베이 요새** | **이집트**의 공군 100년 역사 군사박물관 | 이집트-이스라엘 복수의 혈전, **이스마알리아** | **마하트르의 롬멜군단 벙커**와 클레오파트라 해변 | 한반도 닮은 **모로코 역사** | 피 땀으로 쌓아올린 **스페인 세우타 요새** | **스페인 제54 보병연대**의 110년 역사

저자 **신종태**

학력
- 육군사관학교 졸업(이학사)
- 연세대학교 대학원 행정학과 졸업(행정학 석사)
- 영국 런던 King's College 전쟁학과 정책연수
- 국방대학원 안보과정 졸업
- 충남대학교 대학원 군사학과 졸업(군사학 박사)

경력
- 현 통일안보전략연구소 책임연구원
- 현 융합안보연구원 전쟁사 센타장
- 현 육군군사연구소 자문위원장
- 조선대 군사학과 초빙교수
- 육군교육사 지상전연구소 연구위원
- 국가보훈처 "6 · 25전쟁 영웅" 심의위원
- 합동군사대학교 군전임교수
- 충남대/국군간호사관학교 외래교수
- 합참 전략본부 군구조발전과장
- 육본 작전참모부 합동작전기획장교

저서 및 주요논문
- 세계의 전사적지를 찾아서 1·2권
- 대화도의 영웅들
- 논문 : 『6 · 25전쟁과 대북유격전 연구』, 『북한 급변사태시 대비 방향』, 『미래 한반도전쟁시 특수작전 발전방안』 등 다수

신종태 교수의 테마기행

세계의 전쟁 유적지를 찾아서 ③

중동 · 태평양 · 대양주 · 아시아

2020년 11월 5일 초판인쇄
2020년 11월 10일 초판발행

지은이 : 신종태
펴낸이 : 신동설
펴낸곳 : 도서출판 청미디어

신고번호 : 제2020-000017호
신고연월일 : 2001년 8월 1일

주소 : 경기 하남시 조정대로 150, 508호 (덕풍동, 아이테코)
전화 : (031)792-6404, 6605
팩스 : (031)790-0775
E-mail : sds1557@hanmail.net

Editor 고명석, 신재은
Designer 박정미, 정인숙, 여혜영

ISBN : 979-11-87861-43-0 (04980)
979-11-87861-40-9 (04980) 세트
정가 : 18,000원